呼和浩特
园林植物病虫

王　平　王树娟　田　新▨主编

中国林业出版社
·北京·

图书在版编目（CIP）数据

呼和浩特园林植物病虫 / 王平, 王树娟, 田新主编. -- 北京 : 中国林业出版社, 2022.8
ISBN 978-7-5219-1753-6
Ⅰ. ①呼… Ⅱ. ①王… ②王… ③田… ④刘… Ⅲ.①园林植物－病虫害防治－呼和浩特 Ⅳ. ①S436.8

中国版本图书馆CIP数据核字(2022)第115837号

责任编辑：何　蕊　李　静

出　版：中国林业出版社（100009 北京市西城区刘海胡同7号）
网　址：http://www.forestry.gov.cn/lycb.html
电　话：010-83143580
印　刷：河北华商印刷有限公司
版　次：2022年8月第1版
印　次：2022年8月第1次
开　本：787mm×1092mm 1/16
印　张：13.75
字　数：200千字
定　价：128.00元

前言

“呼和浩特”是蒙古语音译，意为“青色的城”，是内蒙古自治区首府，全区政治、经济、文化和金融中心，是国家园林城市、国家森林城市，被誉为“中国乳都”。呼和浩特市位于内蒙古自治区中部，属中温带大陆性季风气候，干旱半干旱地区，气候干燥，昼夜温差大。四季寒暑明显，春季风大沙多，夏季炎热短暂，秋季雨量集中，冬季寒冷漫长。

呼和浩特地区园林植物病虫以前很少报道过，也未曾进行全面系统的普查，本书编写组历时十余年，对呼和浩特园林植物病虫害进行了多次系统的人工普查及专项调查，通过人工采集、灯光诱捕等方法收集了大量的病虫标本，通过查阅大量参考书籍和请教相关专家学者进行鉴定，基本摸清了呼和浩特园林植物病虫资源底数，编写成《呼和浩特园林植物病虫》。本书详细阐述了201种园林害虫，51种园林常见病害，对其寄主植物、形态特征、生物学特性、为害特点及防治方法等进行了较详细的介绍，为呼和浩特地区今后的园林植物检疫、病虫害监测等工作提供了科学理论依据；为有效防控园林植物病虫害，提高园林植物养护水平，保护城市绿化成果，促进城市园林绿化事业可持续发展提供了技术保障。

由于图片、文献资料掌握不足，作者知识水平有限，书中疏漏、错误之处在所难免，敬请读者批评指正。

编写组

2022年1月18日

编写组

主　　编：	王　平	呼和浩特市园林植保站	高级工程师
	王树娟	呼和浩特市园林植保站	高级工程师
	田　新	呼和浩特市园林建设服务中心	正高级工程师
副 主 编：	刘义龙	呼和浩特市园林植保站	工程师
	薛国红	呼和浩特市成吉思汗公园	正高级工程师
	斯　琴	呼和浩特市园林植保站	高级工程师
	李艳艳	内蒙古农业大学	副教授
	赵金锁	包头市园林绿化事业发展中心	高级工程师
参编人员：	张晓萝	呼和浩特市园林植保站	工程师
	韩　震	呼和浩特市园林植保站	助理工程师
	李　婷	呼和浩特市园林植保站	助理工程师
	杨高鹏	呼和浩特市园林建设服务中心	高级工程师
	冯文全	呼和浩特市绿化第一中心	高级工程师
	张丽莹	呼和浩特市满都海公园	高级工程师
	张　佳	呼和浩特市园林植保站	助理工程师
	张　剑	呼和浩特市园林植保站	助理工程师
	李小红	呼和浩特市园林建设服务中心	工程师
	田素平	呼和浩特市动物园	正高级工程师
	郝　亮	呼和浩特市南湖公园	工程师
	叶　萍	呼和浩特市园林建设服务中心	高级工程师
	田　川	呼和浩特市植物园	高级工程师
	南海风	内蒙古建筑职业技术学院	副教授
	花圃春	呼和浩特市园林建设服务中心	工程师
	莎　茹	呼和浩特市园林建设服务中心	工程师

秦俊珂	呼和浩特市园林建设服务中心	工程师
李　强	呼和浩特市青城公园	高级工程师
闫海霞	内蒙古自治区环境监测总站呼和浩特分站	高级工程师
徐林波	中国农业科学院草原研究所	副研究员
狄彩霞	内蒙古自治区农牧业科学院	副研究员
单艳敏	内蒙古自治区林业和草原有害生物防治检疫总站	推广研究员
宋培玲	内蒙古自治区农牧业科学院	副研究员
袁喜丽	巴彦淖尔市乌拉特中旗现代农牧事业发展中心	高级农艺师
段文昌	内蒙古农业大学	工程师
李正男	内蒙古农业大学	教　授
段景攀	内蒙古仁和服务有限责任公司	工程师
吴秀花	内蒙古自治区林业科学研究院	研究员
王玉凤	乌兰察布市农林科学研究所	农艺师
陈瑞英	四子王旗农业技术服务中心	高级农艺师
张　颖	内蒙古自治区林业科学研究院	助理研究员
李雅荣	呼和浩特市园林植保站	技术员
赵建奇	呼和浩特市园林植保站	技术员
王文达	呼和浩特市园林植保站	技术员
陈　幸	呼和浩特市园林植保站	技术员
王宇璇	呼和浩特市园林植保站	技术员
吕亚亚	呼和浩特市园林植保站	技术员
巩　悦	呼和浩特市园林植保站	技术员
徐郝博文	呼和浩特市园林植保站	技术员
冀　婷	呼和浩特市园林植保站	技术员

目录

第一篇　病　害

苹桧锈病......3
杨树叶锈病......4
马蔺锈病......5
玫瑰锈病......5
柳叶锈病......6
草坪锈病......7
芍药白粉病......8
丁香白粉病......9
牡丹白粉病......9
紫叶小檗白粉病......10
杨树白粉病......10
五角枫白粉病......11
凤仙花白粉病......12
草坪白粉病......12
柳叶角斑病......13
糖槭叶枯病......13
槭叶斑病......14
山楂炭疽病......14
榆叶梅褐斑穿孔病......15
桃细菌性穿孔病......16
山桃褐斑穿孔病......16
紫叶李穿孔病......17
李红点病......17
花木煤污病......18
丁香褐斑病......19
杨树灰斑病......20
月季黑斑病......20
珍珠梅褐斑病......21
榆树黑斑病......22
女贞叶斑病......22
万寿菊叶枯病......23
芍药红斑病......23
苏铁叶枯病......24
鸢尾叶枯病......25
山楂圆斑病......25
紫穗槐叶斑病......26
荷花褐斑病......27
睡莲斑腐病......27
菊花花腐病......28
银杏叶枯病......29
油松落针病......29
杨树腐烂病......30

溃疡病……32
树木腐朽病……33
桃树侵染性流胶病……33
卫矛扁枝病……34
鸡冠花茎腐病……35
根癌病……35
丁香花叶病毒病……36
苹果花叶病毒病……37
柳树丛枝病……37

第二篇　虫　害

一、刺吸害虫

茶翅蝽……41
斑须蝽……41
钝肩普缘蝽……42
麻皮蝽……43
横纹菜蝽……44
金绿真蝽……44
赤条蝽……45
泛刺同蝽……46
三点苜蓿盲蝽……46
红足壮异蝽……47
角红长蝽……48
横带红长蝽……48
娇膜肩网蝽……49
大青叶蝉……50
白带尖胸沫蝉……51
皂荚云实木虱……52
槐豆木虱……53
桑异脉木虱……54
枸杞线角木虱……55
柳星粉虱……56
油松球蚜……57
落叶松球蚜……58
柳倭蚜……59
柏长足大蚜……60
白皮松长足大蚜……61
居长足松大蚜（油松大蚜）……62

柳瘤大蚜……64
秋四脉绵蚜……65
榆绵蚜……66
白毛蚜……66
朝鲜毛蚜……67
柳黑毛蚜……68
肖绿斑蚜……69
榆华毛斑蚜……70
榆长斑蚜……71
桃蚜……71
桃瘤头蚜……73
桃粉大尾蚜……74
禾谷缢管蚜……75
柳蚜……76
甜菜蚜（绣线菊蚜）……77
中国槐蚜……78
刺槐蚜……79
东亚接骨木蚜……80
印度修尾蚜……81
日本履绵蚧……82
山西品粉蚧……83
白蜡绵粉蚧……84
杜松皑粉蚧……85
栾树毡蚧……86
白蜡蚧……87
日本纽绵蚧……88
桦树绵蚧……89
杨圆蚧……90
榆球坚蚧……92
朝鲜毛球蚧……92
远东杉苞蚧……94
日本巢红蚧……95
桑白盾蚧……96
卫矛尖盾蚧……97
柳蛎盾蚧……98
丁香饰棍蓟马……99
山楂叶螨……100
朱砂叶螨……101
针叶小爪螨……102
呢柳刺皮瘿螨……103
枸杞金氏瘤瘿螨……103
毛白杨皱叶瘿螨……104

二、食叶害虫

中华剑角蝗……105
柳虫瘿叶蜂……105
北京杨锉叶蜂……106
柳蜷叶丝角叶蜂……107
榆红胸三节叶蜂……108
拟蔷薇切叶蜂……109
黄斑大蚊……110
绿芫菁……110
苹斑芫菁……111
中华芫菁……112
暗头豆芫菁……113
红斑郭公虫……113
杨叶甲……114
榆绿毛萤叶甲……115
梨光叶甲……117
柳圆叶甲……117
甘薯肖叶甲……118
枸杞负泥虫……118
二十八星瓢虫……119

黑斜纹象甲......120
西伯利亚绿象虫......120
杨潜叶跳象......121
白杨小潜细蛾......122
柳丽细蛾......123
卫矛巢蛾......123
杨柳小卷蛾......124
松针小卷蛾......125
梨叶斑蛾......126
草地螟（网锥额野螟）......127
棉卷叶野螟......127
红云翅斑螟......128
四斑绢野螟......129
中国绿刺蛾......129
黄刺蛾......130
大造桥虫......131
桦尺蛾......132
锯翅尺蛾......132
春尺蠖......133
桑褶翅尺蛾......134
国槐尺蠖......135
丝棉木金星尺蛾......136
榆津尺蛾......137
黑鹿蛾......138
杨扇舟蛾......138
杨二尾舟蛾......139
黑带二尾舟蛾......140
榆白边舟蛾......140
苹掌舟蛾......141
舞毒蛾......142
榆黄足毒蛾......143
杨雪毒蛾......144
人纹污灯蛾......144
亚麻篱灯蛾......145
豹灯蛾......145
砌石篱灯蛾......146
斑灯蛾......146
红星雪灯蛾......147
粉缘钻夜蛾......147
榆剑纹夜蛾......148
桃剑纹夜蛾......148
谐夜蛾......149
瘦银锭夜蛾......150
朽木夜蛾......150
围连环夜蛾......151
三叉地老虎......151
干纹夜蛾......152
客来夜蛾......152
蚀夜蛾......153
宽胫夜蛾......153
斜纹夜蛾......154
甘蓝夜蛾......154
裳夜蛾......155
光裳夜蛾......156
缟裳夜蛾......156
杨枯叶蛾......157
苹枯叶蛾......157
黄褐天幕毛虫......158
油松毛虫......160
枣桃六点天蛾......160
红节天蛾......161
榆绿天蛾......161
蓝目天蛾......162
葡萄天蛾......163

女贞天蛾......164
黄脉天蛾......164
深色白眉天蛾......165
八字白眉天蛾......165
合目天蚕蛾......166
山楂粉蝶......166
云粉蝶......167
菜粉蝶......168
斑缘豆粉蝶......168
白钩蛱蝶......169
多眼灰蝶......170
红珠灰蝶......171
蛇眼蝶......171

三、蛀干害虫

烟扁角树蜂......173
梨金缘吉丁虫......174
光肩星天牛......175
桃红颈天牛......176
红缘天牛......177
锈色粒肩天牛......178
双条杉天牛......180
芫天牛......181
多带天牛......182
杨柳绿虎天牛......183
曲牙锯天牛......183
臭椿沟眶象......185
日本双棘长蠹......186
果树小蠹......186
脐腹小蠹......187
油松梢小蠹......189
小线角木蠹蛾......190
芳香木蠹蛾东方亚种......190
梨小食心虫......191
白杨准透翅蛾......192
白蜡窄吉丁......193
白蜡外齿茎蜂......195
柳蝙蛾......196
楸蠹野螟......196

四、地下害虫

黄脸油葫芦......198
东方蝼蛄......198
大灰象......199
东方绢金龟......200
阔胫玛绢金龟......200
苹毛丽金龟......201
白星滑花金龟......202
粗绿彩丽金龟......202
大云斑鳃金龟......203
毛黄齿爪鳃金龟......203
沟线须叩甲......204
小地老虎......205
大地老虎......206

参考文献......207
后　记......209

第一篇

病　害

苹桧锈病

【寄主】苹果、梨、山楂、山荆子、海棠、圆柏（桧柏）、龙柏等。

【病原】山田胶锈菌*Gymnosporangium yamadai* Miyabe，为担子菌亚门锈菌目胶锈菌属真菌。

【症状】该病主要为害叶片，也为害叶柄、果柄、幼果和嫩枝。发病初期在叶片正面出现黄绿色至橙黄色的小斑点，逐渐扩大成5～10mm的橙黄色圆形病斑，边缘红色，病组织稍肥厚向背面隆起。后期在叶正面密生许多鲜黄色小点，后变为黑色，即病原菌的性孢子器。随后在叶片病斑的背面产生许多黄白色隆起，上生很多毛状物，即病原菌的锈孢子器。果实受害后形成近圆形病斑，病果生长停滞，病部坚硬，多呈畸形。该病害产生的锈孢子能够侵染圆柏上的刺状叶，也危害圆柏幼嫩的小枝条。一般感病针叶的叶面、叶腋处在冬季出现黄色小点，继而略为隆起。早春逐渐形成锈褐色角状突起的瘿瘤，冬孢子自瘿瘤上长出，吸水膨大后呈胶质花朵状或鸡冠状，杏黄色，犹如柏树“开花”。

【发生规律】病原菌以冬孢子角在圆柏上越冬，翌春褐色的冬孢子角遇雨膨胀，冬孢子萌发产生大量担孢子，担孢子借气流传播到苹果树或梨树的幼嫩叶片上。担孢子萌发直接侵入寄主表皮，并在叶肉细胞间蔓延，潜育期10天左右。首先在叶片正面形成性孢子器，后在背面形成锈子腔。6～8月，锈孢子陆续成熟后从锈子腔中释放出来，借气流传播到圆柏嫩枝上，并以冬孢子在圆柏病部越冬。由于该菌在生活史中无夏孢子阶段，故无再侵染发生。担孢子传播的有效距离取决于风力，一般可传播5km。

【防治方法】

（1）在苹果园和梨园周围至少5km范围内不宜栽植圆柏及其变种和栽培种，

苹桧锈病

桧柏上的冬孢子角

以避免锈病的发生。如因特殊情况不能移栽或清除圆柏时，应于冬季剪除圆柏上的冬孢子角，集中清理，并于每年春季在冬孢子堆成熟前，向圆柏树冠喷洒25%的粉锈宁4000倍液、2～5°Bé的石硫合剂或1∶2∶100倍的石灰倍量式波尔多液1～2次，以杀死越冬菌源或抑制冬孢子堆遇雨膨胀萌发产生担孢子。

（2）在苹果和梨树展叶至开花前后，及时喷洒25%粉锈宁4000倍液、15%粉锈宁800倍液或代森锌、萎锈灵等杀菌剂以保护幼叶，间隔15天喷药1次，连喷2～3次。

（3）结合园圃清理及修剪，及时将病枝芽、病叶等集中处理，以减少菌源。

杨树叶锈病

【寄主】毛白杨、新疆杨、河北杨、山杨等。

【病原】杨栅锈菌*Melampsora rostrupii* Wagner和马格栅锈菌*Melampsora magnusiana* Wagner，为担子菌亚门锈菌目栅锈菌属真菌。

【症状】春天杨树展叶期，在越冬的病芽和刚萌发的幼叶上形成黄色的粉堆，叶面散生的黄粉堆为病原菌的夏孢子堆，叶片展开后易感病，叶柄和嫩梢受害后形成椭圆形病斑，也产生黄粉。嫩叶受害后导致叶片皱缩、畸形，受害严重的幼芽3周左右便枯死。

【发生规律】病菌以菌丝体在冬芽和枝梢内越冬。随着春季气温的升高，冬芽开始活动，越冬的病原菌也开始生长，冬芽开放时即形成大量的夏孢子堆，成为当年再侵染的主要来源。有时，受侵染冬芽不能正常展开，形成覆满夏孢子的绣球状畸形叶，嫩梢病斑上的菌丝体也可形成夏孢子堆。

杨树叶锈病（叶面）

杨树叶锈病（叶背）

【防治方法】

（1）选植抗病品种。

（2）氮肥不应过多，结合施磷钾肥，防止徒长，增强抗病能力。不要大面积营造纯林，应合理密植，注意通风透光。

（3）初春病芽出现时，利用病芽特殊的颜色和形状及早摘除，并将其装袋集中处理或深埋，防止夏孢子随风扩散。

（4）发病期间喷洒50%代森铵100倍液或50%退菌特500～1000倍液。

马蔺锈病

【寄主】马蔺。

【病原】鸢尾柄锈菌*Pucciniai iridis* (DC.) Wallr.，为担子菌亚门锈菌目柄锈菌属真菌。

【症状】主要为害叶片。叶片被害后，能够在正反两面形成浅褐色的夏孢子。夏孢子堆初埋生在马蔺表皮下，后露出，呈肉桂色。生长后期在叶片上能够形成黑色且外露的冬孢子堆。

【发生规律】北方地区该病主要发生在夏秋两季，叶面结露时形成水滴是锈菌孢子

马蔺锈病

萌发和侵入的先决条件。夏孢子形成和侵入的适温为15～24℃，日均温25℃，相对湿度为85%，潜育期约10天。高温、昼夜温差大及结露持续时间长易导致病害流行。

【防治方法】

（1）合理种植抗病品种。

（2）清洁田园，加强养护管理，合理密植。

（3）发病初期喷洒15%三唑酮可湿性粉剂1000～1500倍液、50%多菌灵可湿性粉剂500倍液或30%固体石硫合剂。

玫瑰锈病

【寄主】玫瑰。

【病原】玫瑰多胞锈菌*Phragmidlium rosae-rugosae* Kasai，为担子菌亚门锈菌目多胞锈菌属真菌。

【症状】该病可侵染玫瑰植株地上部分所有组织， 但以为害叶片和芽最为严重。早春玫瑰展叶时，从病芽展开的叶片布满鲜黄色的粉状物（夏孢子堆），散生或聚生，叶片背面表皮下出现黄色稍隆起的黑色小粉堆（冬孢子堆）。病斑外围往往有褪色环圈，叶片正面可以形成性孢子器，但不明显。

【发生规律】病原菌以菌丝体在玫瑰芽内或以冬孢子在发病部位越冬。玫瑰锈病为单主寄生，夏孢子在生长季节能多次重复侵染。夏孢子由气孔侵入，靠风、雨传播。温暖、多雾、多露的天气，均有利于

玫瑰锈病（叶面）

玫瑰锈病（叶背）

发病。偏施氮肥加重病害的发生。

【防治方法】

（1）选植抗病品种。

（2）结合修剪，剪除病枝、病芽和病叶，进行集中销毁以减少初侵染菌源数量。

（3）加强栽培管理，改善环境条件，注意通风透光，降低空气湿度，提高抗病力。

（4）发病初期，喷洒15%粉锈宁可湿性粉剂1500～2000倍液、敌锈钠250～300倍液或0.2～0.3°Bé石硫合剂。

（5）第一次花后喷洒75%百菌清800倍液、50%代森铵800倍液、50%退菌特500倍液或50%福美双500倍液，间隔15天喷药1次，连喷3次。

柳叶锈病

【寄主】垂柳、旱柳、龙须柳等。

【病原】落叶松－柳栅锈菌*Melampsora lariciepitea* Kleb.，为担子菌亚门锈菌目栅锈菌属真菌。

【症状】嫩叶受害时，导致叶片皱缩、加厚、反卷，叶面上形成大块状黄色的夏孢子堆。在短而粗的枝上会形成条状的夏孢子堆，发病严重时嫩枝很快枯死。花絮发病时，在种壳上形成小的夏孢子堆，有时叶柄、果柄上也形成条状夏孢子堆，导致叶柄、果柄弯曲。

【发生规律】柳树锈病多以菌丝在落叶上越冬。若遇到阴雨连绵天气，越冬芽上的

柳树锈病

菌丝体可以很快进行侵染。

【防治方法】

（1）早春剪除病芽时，应先套袋再剪掉病芽，防止夏孢子扩散。

（2）发病初期可喷洒15%粉锈宁300～500倍液，一个生长期喷3～4次，可控制柳树锈病流行。还可用硫胶混悬、代森锌、甲基托布津等药剂进行防治。

草坪锈病

【寄主】大多数草坪草，其中以草地早熟禾、多年生黑麦草、狗牙根及高羊茅等受害最重。

【病原】*Puccinia* spp.或*Uromyces* spp.为担子菌亚门冬孢菌纲锈菌目真菌。

【症状】该病主要发生在叶片上，发生严重时也侵染草茎。早春一展叶即可受到侵染，发病初期叶片正反两面均可出现疱状小点，逐渐扩展形成圆形或长条状的黄褐色病斑（夏孢子堆），稍隆起。夏孢子堆在寄主表皮下形成，成熟后突破表皮裸露呈粉堆状，橙黄色。冬孢子堆生于叶背，黑褐色、线条状，病斑周围叶肉组织失绿变为浅黄色。发病严重时整个叶片卷曲、干枯、发黄。

【发生规律】病原菌以菌丝体或冬孢子堆在病株或植物病残体上越冬。翌年，5～6月叶片上出现褪绿色病斑，发病缓慢；9～10月发病严重，草叶枯黄；9月底至10月初产生冬孢子堆。病原菌生长发育适温为17～22℃，空气相对湿度在80%以上时有利于侵入。

【防治方法】

（1）改良土壤，合理施肥、修剪、

草坪锈病

浇水，提高通风、透水性，使寄主生长健壮，提高抗病性。

（2）发病初期喷洒15%粉锈宁可湿性粉剂1000倍液或25%粉锈宁1500倍液，防治效果较好。此外，还可用70%甲基托布津可湿性粉剂1000倍液或敌锈钠200～300倍液进行叶面喷施，这两种药剂需间隔7～10天喷1次。几种药剂应交替使用，避免产生抗药性。

芍药白粉病

【寄主】芍药、月季。

【病原】蓼白粉菌*Erysiphe polygoni* DC.，为子囊菌亚门核菌纲白粉菌目真菌。

【症状】该病主要发生在芍药叶片上，也可侵染叶柄及幼嫩枝条。发病初期叶面产生白色针点状小斑，逐渐扩大为白色云片状斑块，严重时布满整个叶片，后期在白粉层中散生黑色小粒点（闭囊壳）。病叶黄化，植株生长势减弱，提前落叶。

【发生规律】病菌以子囊孢子于土壤病残体上越冬，以子囊孢子进行初侵染，以分生孢子进行多次再侵染。植株栽培过密或通风不良易发病，土壤黏重或偏施氮肥易加重病情。

【防治方法】

（1）秋冬季节及时清除地面枯病枝叶，彻底销毁。

（2）防止植株栽培过密，以利通风。

（3）芍药盛花期开始，每隔10～15天叶面喷施25%粉锈宁可湿性粉剂1000倍液、75%百菌清可湿性粉剂800倍液或晴菌唑可湿性粉剂3000倍液，连续喷药2～3次。

芍药白粉病

丁香白粉病

【寄主】丁香。

【病原】华北紫丁香叉丝壳*Microsphaera syringae* A. Jacz.，为子囊菌亚门白粉菌目叉丝壳属真菌。

【症状】该病可以发生在叶片的两面，但以正面发病为主。发病初期，病叶上产生零星的小粉斑，逐渐扩大，粉斑相互联结覆盖叶面，发病后期白色粉层变得稀疏，呈灰尘状，其上出现黑色小粒点。

【发生规律】病菌以分生孢子和菌丝体在芽鳞内或幼嫩组织上越冬，翌年春季展叶时，病原菌孢子随气流侵入芽和幼嫩花序上继续侵染危害。

丁香白粉病

【防治方法】

（1）加强养护管理，种植密度适宜，株丛过大应分株或合理修剪，以利通风透光。

（2）冬季将感病花序、幼芽、叶片等清除后销毁或深埋，减少初侵染源。

（3）发病初期可喷洒25%粉锈宁可湿性粉剂2000倍液或12.5%腈菌唑乳油4000～5000倍液，间隔7～10天喷1次，连喷2～3次。

牡丹白粉病

【寄主】牡丹。

【病原】*Erysiphe paeoniae* Zheng & Chen，为子囊菌亚门白粉菌目真菌。

【症状】植株丛中荫蔽处的叶片、叶柄先发病，外部不易发现，待发现时已很严重。叶面常覆满一层白色粉状物，后期叶片两面及叶柄、茎秆上都生有污白色霉斑，在粉层中散生许多黑色小粒点，即病原菌的闭囊壳。

【发生规律】病原菌以菌丝体在病芽上越冬。翌春病芽萌动，病原菌随之侵染叶片和新梢。该病原菌生长适温为21℃，最高33℃，最低3～5℃。露地5～6月和9～10月发病较多，在温室终年均可发生。栽植过密或偏施、过施氮肥，通风不良或阳光不足，均易发病。

【防治方法】

（1）合理密植，注意通风透气。

（2）科学配方施肥，增施磷钾肥，提高植株抗病力。

牡丹白粉病

（3）适时灌溉，雨后及时排水，防止湿气滞留，减少发病。冬季修剪时，注意剪去病枝、病芽，发现病叶及时摘除。

（4）发病初期喷洒70%甲基硫菌灵可湿性粉剂800～1000倍液、20%三唑酮乳油2000倍液或0.2～0.3°Bé石硫合剂。

紫叶小檗白粉病

【寄主】紫叶小檗。

【病原】小檗粉孢*Oidium berberidis* Thum.，为半知菌亚门丝孢纲丛梗孢目，粉孢属真菌。

【症状】叶片正面密布白色粉状物，病害发生严重时，植株生长受抑制，后期白粉层上散生由黄至褐色，再变成黑色的小颗粒状物（闭囊壳）。

【防治方法】

（1）小檗属阳性树种，不宜栽植过密，应合理栽植及修剪，增强通风透光。

（2）发病初期及早喷洒杀菌剂控制，夏季喷洒0.3°Bé、冬季喷洒1～3°Bé石硫合剂，间隔7～10天喷1次，连喷2～3次。

紫叶小檗白粉病

杨树白粉病

【寄主】杨树。

【病原】杨钩丝壳*Uncinula salicis* (DC.) Wint. f. *populorum* Rabenh.，为子囊菌亚门白粉菌目钩丝壳属真菌。

【症状】病害多发生在叶片和嫩枝上，叶片表面密生白色粉状物，后期白色粉层上

杨树白粉病

生有黄褐色至黑色小颗粒物（闭囊壳）。发病叶片早衰，易脱落。

【防治方法】

（1）种植无病苗，适时适度修剪，增加受光度。

（2）冬季清除病叶、落叶，深埋或销毁，减少初侵染源，可预防翌年白粉病的发生。

（3）发病初期及早喷洒杀菌剂控制，间隔7～10天喷1次，连喷2～3次。

五角枫白粉病

【寄主】五角枫。

【病原】槭粉孢*Oidium aceris* Rabenh.，为半知菌亚门丝孢纲丝梗孢目粉孢霉属真菌。

【症状】该病主要危害叶片、叶柄、嫩枝。初期在病部出现褪色的斑点，病斑从中央开始长出白霉，并逐渐扩大，加厚，有时扩展到全叶。这种症状几乎持续整个生长期。

【发生规律】以菌丝体在鳞芽内越冬，翌年病芽生出的叶、花上产生分生孢子。在南方和北方温室植物，白粉菌只有分生孢子阶段，无需越冬，常年为害。

【防治方法】

（1）种植不宜过密，以保证通风透光。

（2）秋末剪去病枝，可减少越冬病菌数量；春季剪去病芽，可减少当年侵染源。

（3）发病初期喷洒62.25%仙生可湿性粉剂1500倍液或70%甲基托布津可湿性粉剂1000～1200倍液，间隔15天喷1次，连喷2次。

五角枫白粉病

凤仙花白粉病

【寄主】凤仙花。

【病原】凤仙花单囊壳*Sphaerotheca balsaminae* (Wallr.) Kari，为子囊菌亚门核菌纲白粉菌目单囊壳属真菌。

【症状】该病主要发生在凤仙花的叶片上，严重时可蔓延至茎、花蕾上。病斑初期不明显，为褪绿色淡黄斑，其上覆盖灰白色霉斑。后期叶片变黄，萎蔫甚至扭曲，其上布满白色粉状霉层（病原菌分生孢子堆）。花蕾感病后枯萎、僵化，覆盖灰白色粉状霉层。

【发生规律】病原菌在寄主植物病残体上越冬。翌春幼苗出土后，如遇干燥天气，温度达20℃以上时，病菌即可侵染。4～5月和9～10月为发病高峰期。

凤仙花白粉病

【防治方法】参考丁香白粉病。

草坪白粉病

【寄主】可侵染多种草坪草，但以早熟禾、细羊茅和狗牙根发病最为严重。

【病原】禾布氏白粉菌*Blumeria graminia* (DC.) Golov. ex Speer，属子囊菌亚门，核菌纲，白粉菌目，布氏白粉菌属真菌。

【症状】主要侵染叶片和叶鞘，也危害茎秆和穗部。受侵染的草皮呈灰白色，发病初期叶片正面出现1～2mm大小病斑，以后逐渐扩大成近圆形、椭圆形绒絮状霉斑，初白色，后变灰白色、灰褐色，生长后期形成黑色小粒点（闭囊壳）。

【发生规律】病原菌以菌丝体或闭囊壳在病株上越冬。翌春，越冬菌丝体产生分生孢子，越冬的子囊孢子释放、萌发，通过气流传播到草坪上进行初侵染。白粉病的发生与温湿度密切相关，15～20℃为发病适温，湿度越大发病越重，雨水太多或连

草坪白粉病

续降雨对病害发生不利。

【防治方法】

（1）合理种植抗病品种。

（2）科学管理，合理安排种植密度，适时修剪，保证通风透光，增施磷钾肥，控制氮肥用量。

（3）发病早期在修剪后喷施25%三唑酮可湿性粉剂1000～2500倍液、25%多菌灵可湿性粉剂500倍液或50%退菌特可湿性粉剂1000倍液。

柳叶角斑病

【寄主】垂柳、旱柳、龙须柳等。

【病原】柳尾孢*Cercospora salicina* Ell.et Ev.，属半知菌亚门，丝孢纲，丛梗孢目，尾孢属真菌。

柳叶角斑病

【症状】病斑呈多角形，严重时布满整个叶片，发生严重会导致叶片提早脱落。

【发生规律】病菌在病落叶上越冬。病害高峰期从6月底开始，7月产生大量病斑，感病植株8月份开始落叶。

【防治方法】

（1）秋季清除病落叶，减少初侵染来源。

（2）展叶后喷药防治，药剂可选用50%多菌灵500倍液、70%代森锰锌600～800倍液或75%百菌清700～1000倍液。

糖槭叶枯病

【寄主】糖槭。

【病原】木岑叶槭叶点霉*Phyllosticta negundinis* Sacc. et Spag，为半知菌亚门壳霉目叶点霉属真菌。

【症状】初期多在叶基部形成小斑点，后逐渐扩大成不规则病斑，病斑褪绿失水后变成黄白色，薄纸状，有时病斑易脱落形成穿孔，后期病斑上密生小黑点（分生孢子器）。

【发生规律】病原菌在病叶上越冬并成为翌年初侵染源，翌春通过气孔侵入叶内。病原菌孢子释放开始期和高峰期与每年温、湿度变化有关，病害发生严重程度与降雨量关系密切，降雨早且量大时病害发生严重。

【防治方法】

（1）加强养护管理，合理施肥，增强

糖槭叶枯病

树势，及时清除病落叶，减少菌源。

（2）发病初期可喷洒70%甲基托布津1000倍液或75%百菌清可湿性粉剂800倍液。

槭叶斑病

【寄主】元宝枫、五角枫、复叶槭等槭属植物。

【病原】槭尾孢*Cercospora acerina* Hart，属半知菌亚门，束梗孢目，尾孢属真菌。

【症状】发生在叶片表面，从叶尖开始发病。初期为淡黄色小点，后形成不规则形叶尖枯，浅褐色到灰白色。潮湿条件下，病斑产生灰黑色霉状物，即病菌的子实体（多在叶正面）。

【防治方法】

（1）及时摘除病叶并销毁，减少初侵染来源。

（2）注意通风、排水、施肥，加强管理。

（3）发病初期喷施80%代森锌或50%代森锰锌500倍液、1%的波尔多液，间隔10天喷1次，连喷2～3次。

槭叶斑病

山楂炭疽病

【寄主】山楂。

【病原】胶孢炭疽菌*Colletotrichum gloeosprioides* Penz.，为半知菌亚门腔孢纲黑盘孢目炭疽菌属真菌。

【症状】受害部位可以是叶、花、果、嫩梢和小枝等，叶和花及嫩梢病斑呈现枯萎状，果实病斑微凹陷，枝的病斑呈溃疡状。在干燥天气时病症是小黑点，在潮湿时小黑点呈现为橙色黏状小点。

山楂炭疽病

【发生规律】山楂炭疽病有潜伏浸染，潜伏期长，一旦发病，病叶易早落。

【防治方法】

（1）发病初期及时清除病叶、落叶，深埋或销毁。

（2）叶面喷洒20%三唑酮乳油2000倍液、45%三唑酮硫磺悬浮剂1000～1500倍液、25%敌力脱浮油2000倍液、0.2～0.4°Bé石硫合剂1～2次，每次使用1种，交替喷施。

榆叶梅褐斑穿孔病

【寄主】榆叶梅。

【病原】叶点霉属*Phyllosticta circnmscissa* Cooke，属半知菌亚门，球壳孢目真菌。

【症状】主要发生在叶片上，枝梢和果实也能受侵染。被侵染的叶片上有圆形褐色斑，病健分界线明显，后期病斑易脱落形成圆形或不规则形的穿孔，发生严重时引起提早落叶。

【发生规律】病原菌以子囊壳在病残体上越冬，借助风雨、气流等方式进行传播。6～7月份开始陆续发病，8～9月份为发病盛期，降雨量大利于该病的发生与流行，生长条件不好时发病重。

【防治方法】

（1）秋季结合修剪，及时清除枯枝病叶并销毁，减少侵染源。

（2）加强水肥管理，适量增施磷钾肥，增强树势。

（3）及时喷药保护。生长期喷0.3～0.4°Bé石硫合剂或发病初期喷施75%百菌

榆叶梅褐斑穿孔病

清可湿性粉剂800倍液，连续用药2～3次。

桃细菌性穿孔病

【寄主】桃树。

【病原】甘蓝黑腐黄单胞杆菌穿孔致病型*Xanthomonas campestris* pv. pruni (Smith) Dye，属黄单胞杆菌属细菌。

【症状】主要侵染叶片，枝梢和果实也能受害。叶片初期出现水渍状褐色小斑点，然后扩展成圆形或多角形褐色病斑，病健交界处明显。后期病斑组织易脱落形成穿孔。

【发生规律】病原菌在植物病残体上越冬，翌年春季从病组织溢出，借风雨、昆虫、气流等进行传播。该病6～7月开始发病，8～9月进入发病盛期，雨水多或蚜虫危害严重易造成病害的流行。

山桃细菌性穿孔病

【防治方法】

（1）清除病枝、枯枝和落叶集中烧毁，清除越冬菌源。

（2）合理修剪，以利通风透光。雨季注意排水，降低小气候湿度。

（3）发芽前喷3～5°Bé石硫合剂或0.8%等量式波尔多液，杀灭越冬菌源。

（4）发病初期喷洒65%代森锌可湿性粉剂600～800倍液、72%农用链霉素可溶性粉剂3000倍液或1:4:240硫酸锌石灰液等，间隔10～15天喷1次，连喷2～3次。

山桃褐斑穿孔病

【寄主】山桃。

【病原】核果尾孢霉*Cercospora circumscissa* Sacc.，为半知菌亚门丝孢纲丛梗孢目尾孢属真菌。

【症状】发病时，叶片两面出现圆形或近圆形病斑，边缘紫色或红褐色略带环纹，大小1～4mm。后期病斑上长出灰褐色霉状物，中部干枯脱落，形成穿孔，穿孔边缘整齐。穿孔多时，导致叶片脱落。新稍、果实染病后，症状与叶片相似，均可产生灰褐色霉状物。

【发生规律】病原菌以菌丝体在病叶或枝稍病组织内越冬。翌年春季气温回升，降雨后产生分生孢子，借风雨传播侵染叶片、新稍和果实。病部产生的分生孢子可进行再侵染。低温、多雨有利病害的发生。

山桃褐斑穿孔病

【防治方法】

（1）加强养护管理，注意排水，增施有机肥，增强通风透光。

（2）落花后喷洒70%代森锌可湿性粉剂500倍液、70%甲基硫菌灵超微可湿性粉剂1000倍液、75%百菌清可湿性粉剂800倍液、50%混杀硫悬浮剂500倍液，间隔7～10天喷1次，连喷3～4次。

紫叶李穿孔病

【寄主】紫叶李。

【病原】核果尾孢霉*Cercospora circumscissa* Sacc.，为半知菌亚门丝孢纲丛梗孢目尾孢属真菌。

【症状】初夏开始发病，嫩叶易感病。初期病斑只有针头大小，后逐渐形成直径3～5mm病斑，边缘呈暗紫的脱离线，形成圆孔，多个圆孔叠加，形成不规则的大孔。

【防治方法】

（1）加强养护管理，注意排水，增施有机肥，增强通透性。

（2）落花后喷洒70%代森锌可湿性粉剂500倍液或70%甲基硫菌灵超微可湿性粉剂1000倍液。间隔7～10天喷1次，连喷3～4次。

紫叶李穿孔病

李红点病

【寄主】李树。

【病原】李疔座霉*Polystigma rubrum* (Pers.) DC.，属子囊菌亚门球壳菌目疔座霉科（属），其无性阶段是李多点霉*Polystigmina* *rubra* Sacc.，是属半知菌亚门腔孢纲球壳孢目鲜壳孢科多点霉真菌。

【症状】叶片为主要受害部位，一片病叶上有几个到几十个黄红色至红色的近圆形斑（组织肥厚）。病斑边缘明显，叶背红斑内有黑色小点，随后正面也产生黑色小点（分生孢子器），9月之后的小黑点是子囊壳。发病严重时，10月再次侵染新叶，病害继续发展，新叶上又有许多小红点状病斑。危害严重造成李树早期衰退，病叶早落。

【防治方法】

（1）若种植量大，传播快，必须及早预防，见到少数病斑时，可将病枝叶修剪后烧毁。

（2）喷洒25%敌锈钠可湿性粉剂250～300倍液、70%甲基托布津可湿性粉剂1000倍液，间隔7～10天喷1次，连喷2～3次。

李红点病

花木煤污病

【寄主】榆叶梅、玫瑰、芍药、水蜡等多种植物。

【病原】引起煤污病的病原菌种类不一，有的甚至在同一种植物上能找到2种以上真菌。常见的有柑橘煤炱（*Capnodium citri*）、茶煤炱（*Capnodium theae)*、柳煤炱（*Capnodium salicinum*）、山茶小煤炱（*Meliola camelliae*）、巴特勒小煤炱（*Meliola butleri*）等，无性态为半知菌亚门烟煤属（*Fumago)*真菌。煤污病菌多以无性型出现在发病部位。

【症状】煤污病又称煤烟病，在花木上发生较普遍，严重影响叶片的光合作用、降低花木的观赏价值和经济价值。其症状主要是在叶面、枝梢上形成黑色小霉斑，后扩大连成片，使整个叶面、嫩梢上布满黑霉层。由于煤污病菌种类很多，同一植物可染多种病菌，其症状也略有差异，呈黑色霉层或黑色煤粉层是该病的重要病征。

【发生规律】煤污病菌的菌丝、分生孢子和子囊孢子都能越冬，成为下一年初侵染的来源。当叶、枝的表面有灰尘、蚜虫蜜露、介壳虫分泌物或植物渗出物时，分生孢子和子囊孢子就可在上面生长发育。菌丝和分生孢子可借气流、昆虫传播，进行重复侵染。每年3月上旬至6月下旬、9月下

水蜡煤污病

旬至11月下旬为两次发病盛期。盛夏高温病害停止蔓延，但夏季雨水多，病菌也会时有发生。昆虫（如介壳虫、蚜虫、木虱等）危害严重时，煤污病的发生严重。有些植物（如黄波罗等芸香科植物）的外渗物质多，病害也较严重。

【防治方法】

（1）植株种植不应过密，适当修剪，要保持良好的通风透光条件，以降低湿度，切忌环境闷湿。

（2）植物休眠期喷洒3～5°Bé石硫合剂，消灭越冬病源。

（3）该病发生与分泌蜜露的昆虫关系密切。喷药防治蚜虫、介壳虫等是减少发病的主要措施。可用50%三硫磷2000～2500倍液混合洗衣粉300倍液、40%硫酸烟碱500倍液或25%杀虫净400～600倍液防治蚜虫和蚧壳虫。

（4）对于寄生菌引起的煤污病，可喷施代森铵500～800倍液或灭菌丹400倍液。

丁香褐斑病

【寄主】丁香。

【病原】一种病原是尾孢属的*Cercospora* sp.，为半知菌亚门丝孢纲丛梗孢目暗色孢科真菌，另一病原是丁香疣蠕孢*Heterosporium syringae* Sacc.，为丛梗孢科，疣蠕孢属的真菌。

【症状】发病初期病斑呈多角形，逐渐变为不规则形或近圆形黑褐色病斑，严重时病斑相连形成更大的病斑。病斑上能够形成许多细密的小黑点，即尾孢属的分生孢子丛。病叶背面有暗灰色霉状物的病症，即疣蠕孢属的分生孢子梗。两种病原常侵害一片叶或一个病斑，其病症也多见于叶片背面。

丁香褐斑病

【防治方法】

（1）发病初期及早喷施杀菌剂控制，间隔7～10天喷1次，连喷2～3次。

（2）冬季清除病落叶，集中销毁或深埋，可预防翌年褐斑病的继续发生。

杨树灰斑病

【寄主】杨树。

【病原】无性态为半知菌亚门壳霉目壳霉属杨灰星叶点霉*Phyllosticta populea* Sacc和半知菌亚门盘菌目棒盘孢菌属杨棒盘孢*Coryneum populinum* Bresad.；有性世代为子囊菌亚门盘菌目球腔菌属东北球腔菌*Mycosphaererella mandshurica* M. Miura。

【症状】病害多发生在叶片和嫩梢上，初期为水渍状斑点，很快发展成不规则褐色斑，逐渐扩大，最后形成中心为灰白色，边缘灰褐色的病斑。后期病斑上产生黑绿色霉状物，病斑易连成大块黑斑。嫩梢受侵染后出现黑色梭形斑，然后叶梢变黑萎缩下垂。

【发生规律】病原菌以分生孢子在病叶上越冬，翌年春季温度回升后分生孢子萌发从气孔侵入寄主组织。高温高湿的环境条件有利病害流行，所以在地势低洼、林间湿度大的情况下病害发生严重。幼树比大树发病严重。

【防治方法】

（1）片林种植不宜过密，密度太大时应进行适当间苗，以利于通风降湿。及时清除大树下的萌条，以免病菌大量繁殖使苗木带菌。

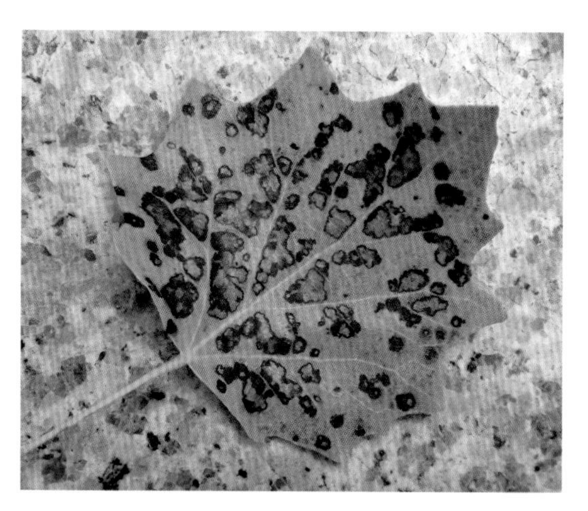

杨树灰斑病

（2）及时彻底清理枯枝落叶，集中销毁。

（3）发病初期喷施25%多菌灵粉剂500倍液进行防治。

月季黑斑病

【寄主】月季、玫瑰、蔷薇、金樱子、刺梨、黄刺玫等。

【病原】蔷薇放线孢菌*Actinonema rosae* (Lib.) Fr.，为半知菌亚门壳霉目杯霉科真菌。

【症状】月季叶片、嫩枝和花梗均可受害。叶片上的病斑初为紫褐色至褐色小点，后扩展成直径1.5～13mm的圆斑，黑色或深褐色。幼嫩枝条和花梗受害后产生紫色到黑色的条状斑点，微下陷。病害发生严重时，整个植株下部及中部叶片全部脱落，仅留顶部几片新叶。

【发生规律】病原菌在植物病残体上越冬，

月季黑斑病

借助雨水或喷灌水飞溅传播，昆虫也可传播。发病最适温度为26℃左右，5月中旬开始发病，7～9月进入发病盛期。多雨季节，寄主植物发病严重，新移植、根系多损、长势衰弱的植株容易发病。

【防治方法】

（1）随时清扫落叶，摘去病叶，以减少侵染源。秋冬季清除月季园内的带病落叶、病枝集中销毁，对重病株进行重度修剪，清除病茎上的越冬病原。

（2）盆栽时不要放置过密，最好不要直接放在地面上，以免地面积水时盆土过湿。避免在晚间浇水，以免叶片上有水时不能很快干燥，有利病菌入侵。

（3）生长期应及时修剪，避免徒长，创造良好的通风、透光条件。施足底肥，盆栽要及时更换新土。

珍珠梅褐斑病

【寄主】珍珠梅。

【病原】珍珠梅短胖孢菌*Cercosporidium gotoanum* (Togashi) Liu et Guo，为半知菌亚门真菌壳孢目叶点霉属真菌。

【症状】在叶面上散生褐色圆形至不规则病斑，边缘色深，与健康组织分界明显。后期在叶片背面着生暗褐色至黑褐色稀疏的小霉点，即病原菌的子实体。

【发生规律】病原菌以菌丝体或分生孢子在受害叶片上越冬，翌年产生分生孢子借风、雨传播到邻近植株上，树势衰弱或通风不良时易发病。

珍珠梅褐斑病

【防治方法】

（1）加强管理，适时修剪，提高植株抗病力。

（3）秋末冬初收集病叶集中销毁，以减少翌年初侵染菌源。

（3）7～9月喷洒65%代森锌可湿性粉剂600倍液或70%代森锰锌可湿性粉剂500倍液。

榆树黑斑病

【寄主】榆树、金叶榆等榆属植物。

【病原】榆盾孢壳菌*Stegophora oharana* (Nishikado et Matsumoto) Petrak, Syn，为子囊菌亚门核菌纲球壳菌目壳孢菌属真菌。

【症状】榆树展叶后，病原菌开始为害叶片。初期在叶面出现近圆形黄色小斑，后逐渐扩大，斑内产生黑色小突起（分生孢子盘），雨后排出淡黄色黏液状孢子堆。秋季在病斑内出现许多黑色近圆形小粒点（子囊壳），呈疮痂状。发生严重时，可使叶片早期脱落，小枝枯死，影响榆树生长。

【发生规律】病原菌的子囊壳于10～11月在叶片上发育形成，并在落叶上越冬。翌年5～6月，子囊成熟后释放子囊孢子，子囊孢子借风、雨水传播侵染新叶，7～8月又形成分生孢子，进行再侵染。该病的发生与外界温度、湿度条件有很大的关系，通常平均气温在20℃以上、降雨量多、湿度大都有利于病害的发生。

【防治方法】

（1）晚秋或初冬时，收集并烧毁落地病叶，消灭越冬病原。

（2）在多雨的春季，可用1%波尔多液或65%代森锌可湿性粉剂500倍液喷雾防治。

女贞叶斑病

【寄主】女贞。

【病原】女贞尾孢*Cercospora ligustri* Roum.，为半知菌亚门丝孢纲丛梗孢目尾孢属真菌。

【症状】叶片上出现圆形小褐斑，病斑边缘形成暗紫色圈，病健交界线明显，后期

榆树黑斑病

女贞叶斑病

小褐斑内有黑色小点状物形成。病叶易早衰，提前脱落。

【发生规律】病原菌以菌丝体在土表或植物病残体上越冬，分生孢子通过气流或枝叶接触传播，从伤口、气孔或直接侵入寄主。在温度合适且温度大的情况下，孢子几小时即或萌发。植株栽植过密、通风透光差、高温、高湿的环境，均有利于病原孢子的萌发和侵入。

【防治方法】

（1）连片种植时发病重，可采取摘除病叶烧毁或化学防治，否则会连年不断发病，聚集大量病原菌，引起叶斑病流行。

（2）发病初期可喷洒65%代森锌可湿性粉剂500倍液进行防治，每隔7～10天喷一次，连喷2～3次。

万寿菊叶枯病

【寄主】万寿菊。

【病原】细交链孢霉菌*Alternaria tenuis* Nees.，为半知菌亚门丛梗孢目链格孢属真菌。

【症状】该病主要发生在叶片上。发病初期叶面产生褐色小斑点，随着病斑的扩展，整个叶片上布满褐色斑，并逐渐变为灰白色。发病后期叶片枯萎、弯曲，远看植株似火烧状。

【发生规律】病原菌以分生孢子在植物病残体及土壤内越冬，翌春分生孢子借气流及水滴飞溅传播，分生孢子可以反复侵染

万寿菊叶枯病

危害。水肥管理不当、生长势较弱时易发病。前期干旱、后期连续降雨时发病加重。傍晚喷射浇水会加快病情的发展。

【防治方法】

（1）发现病叶及时摘除，秋末及时清除病残体。

（2）栽植不宜过密，保持良好通风条件。

（3）早春用0.5～1°Bé石硫合剂对周围环境进行消毒处理。

（4）7～8月发病高峰期，可喷施50%速克灵可湿性粉剂1000倍液或75%百菌清可湿性粉剂800倍液或50%多菌灵可湿性粉剂800倍液，间隔7～10天喷一次，连喷2～3次。

芍药红斑病

【寄主】芍药。

【病原】牡丹枝孢霉*Cladosporium paeoniae*

Pass.，为半知菌亚门丝孢纲丛梗孢目枝孢菌属真菌。

【症状】主要为害叶片，也侵染枝条、花和果壳等部位。早春叶片一展开即可受害。叶背出现针尖大小的凹陷斑点，逐渐扩大形成近圆形或不规则形暗紫色或黄褐色病斑，叶边缘的病斑多为半圆形。叶片正面病斑上形成不明显的淡褐色轮纹。病斑相互连接成片，使整个叶片皱缩、焦枯，叶片常易碎。幼茎及枝条上的病斑为椭圆形，红褐色，病斑长8～13mm；叶柄基部或枝干分叉处发病呈黑褐色的溃疡斑，病部容易折断。萼片、花瓣上的病斑均为紫红色小斑点。

【发生规律】病原菌主要以菌丝体在病叶、病枝条、果壳等残体上越冬。自伤口或直接侵入，但以伤口侵入为主。自然条件下，

芍药红斑病

叶片等处茸毛脱落造成的微伤口及下雨时泥浆的反溅使茎基部产生的微伤口，均有利于病菌的侵入。该病害的潜育期短，一般6天左右，但病斑上子实层的形成时间则很长，病斑出现1.5～2个月才出现子实层，因此再侵染次数极少。

【防治方法】

（1）秋季割除芍药的地上部分，残茬越短越好，将病残体集中处理。发病重的地块，可在休眠期喷洒8°Bé的石硫合剂。

（2）株丛过大要及时分株移栽，栽植密度不要太大，以利通风透光，降低田间小气候的湿度。

（3）在芍药展叶后、开花前，喷洒50%多菌灵可湿性粉剂1000倍液；落花后可交替喷洒65%代森锌可湿性粉剂500倍液和1%波尔多液，间隔7～10天喷1次，遇雨后重喷。

苏铁叶枯病

【寄主】苏铁。

【病原】苏铁拟盘多毛孢菌*Pestalotia cycadis* Allesch.，为半知菌亚门腔孢纲黑盘孢目拟盘多毛孢属真菌。

【症状】病斑呈黄褐色，从叶尖端开始向内发展，病健交界明显，后期病斑的叶背面布满黑色颗粒状物（分生孢子器）。

【发生规律】病原菌以菌丝、分生孢子器在寄主的病残组织内越冬，分生孢子成熟后可借助风、昆虫等进行传播，易从叶尖、

苏铁叶枯病

叶缘处的伤口、气孔处侵染为害，病株越冬后往往引起大量叶片干枯。

【防治方法】

（1）加强养护管理，及时剪除病叶，保持适宜温度，通风透光。

（2）冬天入窖前喷洒0.5%～1%波尔多液，发病初期喷洒50%多菌灵可湿性粉剂1000倍液。

鸢尾叶枯病

【寄主】鸢尾。

【病原】鸢尾生链格孢*Alternaria iridicola* (Ell. et Ev.) Elliott.，为半知菌亚门丛梗孢目链格孢属真菌。

【症状】多从叶梢部发病，初期病斑灰褐色或片状枯焦，逐渐向内蔓延褪绿，直至整片叶枯焦，后期病斑出现黑色粒状物（病原菌子实体）。

【发生规律】病原菌以菌核在土壤中寄主的病残体上越冬。翌春，随雨水、浇水或风传播，多从易受外伤的叶尖部侵染。生长季节内都能发病，雨季时气候干燥易发病。

【防治方法】

（1）及时清除病残体。

（2）增加环境湿度，减少土壤含水量。

（3）发病初期喷洒70%代森锰锌可湿性粉剂400倍液。

鸢尾叶枯病

山楂圆斑病

【寄主】山楂。

【病原】山楂生叶点霉*Phyllosticta crataegicola* Sacc.，为半知菌亚门腔孢纲球壳孢目叶点霉属真菌。

【症状】病斑呈圆形，边缘色深，中心部

山楂圆斑病

位灰褐色，散生少数几个小黑点，后期病斑干枯，上生黑色粒状物（病原菌子实体），一片病叶上可有十余个小圆形病斑，病叶早衰，早落。

【发生规律】病原菌以菌核状态在土壤或病株残体上越冬，翌春随风雨或浇水传播，整个生长季均能发病，6～9月为发病高峰期。

【防治方法】

（1）及时清除病叶、落叶，深埋或销毁。

（2）发病初期，喷洒20%三唑酮乳油2000倍液、75%百菌清可湿性粉剂800倍液、25%敌力脱浮油2000倍液、0.2～0.4°Bé石硫合剂1～2次，每次使用1种，交替喷施。

紫穗槐叶斑病

【寄主】紫穗槐。

【病原】互隔交链孢*Alternaris alternata*，为半知菌亚门丝孢纲交链孢霉属真菌。

【症状】主要为害紫穗槐叶片，发病初期叶片上形成褐色至黑褐色近圆形小病斑，大小0.5～2.5mm，后期病斑数量增加，有些病斑连在一起，形成不规则大病斑，病斑延伸至叶柄部，致叶片枯死、脱落。

【防治方法】

（1）初发病时，及时清除病叶、落叶，深埋或烧毁。

（2）喷洒20%三唑酮乳油2000倍液、25%敌力脱浮油2000倍液、0.2～0.4°Bé石硫合剂1～2次，每次使用1种，交替喷施，喷匀喷足。

紫穗槐叶斑病

荷花褐斑病

【寄主】荷花。

【病原】链格孢菌*Alternaria nelumbii* Enlows et Rand.，为半知菌亚门丝孢纲丛梗孢目链格孢属真菌。

【症状】主要为害荷花叶片。发病初期，叶片上出现许多褪绿小斑点，以后逐渐扩大形成圆形或不规则的红褐色病斑，具同心轮纹且边缘有黄绿色晕圈，上生黑色霉层。严重时，病斑相连导致叶片枯黄。叶片开始衰老时易发病。

【发生规律】病原菌以菌丝体和分生孢子座在病残体上越冬，以分生孢子进行初侵染和再侵染，借气流或风雨传播蔓延。高温多雨易发病；连作地或栽植过密、通风透光性差的地块发病重。

荷花褐斑病

【防治方法】

（1）加强养护管理，增强植株抗病能力。

（2）种植密度要适宜，以利通风透光，降低湿度；合理施肥与轮作；注意浇水方式，避免喷灌。

（3）休眠期喷施3～5°Bé石硫合剂，发病初期喷施47%加瑞农可湿性粉剂600～800倍液、40%福星乳油8000～10000倍液或10%多抗霉素可湿性粉剂1500～2000倍液。

睡莲斑腐病

【寄主】睡莲。

【病原】睡莲拟叉梗孢*Dichotomophthoropsis nymphaearum* (Rand.) M. B. Ellis，为半知菌亚门丝孢纲丛梗孢目拟叉梗孢属真菌。

【症状】病斑形状不定，叶片上初生水渍状小黑斑点，后扩展成圆形至多角形或不规则形。病斑中间灰黑色有轮纹，边缘有黄色晕圈，病部易破裂或脱落，导致叶片和叶缘残缺不整。严重时叶片大部分甚至全部变黑褐色腐烂，上生灰褐色霉层。

【发生规律】病原菌以菌丝或厚垣孢子越冬，翌春产生分生孢子进行初侵染和再侵染，引起发病。通常该病见于7～11月，8～9月发病严重。

【防治方法】

（1）生长季节收集病残物深埋或烧掉。

睡莲斑腐病

（2）及时拔除病株后喷洒50%多菌灵可湿性粉剂600倍液，间隔10天左右喷1次，连喷2～3次。

菊花花腐病

【寄主】菊花。

【病原】菊花壳二孢*Ascothyta chrysanthemi* F. L. Stev.是该病的无性态，为半知菌亚门腔孢菌纲球壳孢目壳二孢属。
菊花黑斑亚隔孢壳*Didymerella chrysanthemi* (Tassi.) Garibaldi＆Gullino是该病的有性态，为子囊菌亚门腔菌纲座囊菌目亚隔孢壳属。

【症状】该病主要侵染花冠，也侵染叶片、花梗和茎等部位。花冠顶端一侧首先受到侵染，导致畸形；病害逐渐蔓延至整个花冠，花瓣由棕黄色变为浅褐色，最后导致整个花腐烂。病害向花梗扩展，导致花梗变黑并软化，致使花冠下垂。未开放的花蕾受侵染后易变黑、腐烂。叶片受侵染产生不规则的叶斑，叶片有时扭曲。茎部受侵染出现黑色条状病斑，约几厘米长，多发生在茎干分叉处。

万寿菊花腐病

【发生规律】病原菌以分生孢子器、子囊壳在病组织上越冬。子囊壳在干燥的病残茎上大量形成，而花瓣上却较少。分生孢子借气流或雨水飞溅传播，昆虫、雾滴也能传播。病原菌还可以随着插条、切花、种子等进行远距离传播。

【防治方法】

（1）加强检疫，发现带菌苗要马上处理。该病原菌生活力强，流行快，一旦传入就很难根除。

（2）加强栽培管理，合理施肥浇水，增强植株抵抗力；合理密植，保持通风、透光；雨季注意排水，保持适当湿度，不要淋浇。

（3）及时清除病残体，发现病株立即拔除。

（4）发病初期可喷洒70%代森锰锌可湿性粉剂500倍液或50%苯菌灵可湿性粉剂1000倍液或75%百菌清可湿性粉剂600倍液。

银杏叶枯病

【寄主】银杏。

【病原】链格孢*Alternaria alternate* (Fr.) Keissl.，为半知菌亚门丝孢纲丛梗孢目链格孢属真菌。

【症状】从叶片尖端开始发病，叶片组织褪绿变黄，逐渐扩展至整个叶缘，导致叶片由黄色变为红褐色或褐色坏死。随后病斑继续向叶基部延伸，导致整个叶片呈暗

银杏叶枯病

褐色或灰褐色，焦枯脱落。6～8月，病斑边缘呈波纹状，颜色较深，其外缘部分还可见较窄或较宽的鲜黄色线带。9月，病斑边缘呈水渍状渗透扩展，病斑明显增大，病健组织的界限也渐不明显。发病后期，在叶片背面出现黑色至灰绿色霉层（分生孢子梗和分生孢子）。

【防治方法】

（1）发病初期，摘除病叶，收集病叶深埋或销毁，减少侵染来源。

（2）展叶后，叶面喷洒70%福美铁1000倍液或65%代森锌500倍液进行防治。

油松落针病

【寄主】油松、樟子松、红松、马尾松等多种松树。

油松落针病

【病原】针叶散斑壳*Lophodermium conigenum* (Brunaud) Hilitz，为子囊菌亚门盘菌纲星裂菌目散斑壳属真菌。

无性态为*Leptostroma rostrupii* Minter。

【症状】通常为害2年生针叶，有的1年生针叶也可受害。由于受害松种不同，症状表现也略有差异。在马尾松针叶上，最初出现很小的黄色斑点或段斑，至晚秋全叶变黄脱落；在油松上针叶初期看不到明显病斑，颜色由暗绿色逐渐变成灰绿色，直至变成红褐色而脱落。通常情况下，针叶在春末夏初便开始出现脱落现象，但真正明显出现脱落是在夏末秋初，大量脱落则是在秋末冬初。也有病叶枯死而不脱落的。

【发生规律】病菌以菌丝体或子囊盘在病落叶或未脱落的病针叶上越冬。翌年3～4月形成子囊盘，4～5月子囊孢子陆续成熟，雨天或空气潮湿时，子囊盘吸水膨胀而张开，露出乳白色子囊群，子囊孢子从子囊内释放出来后借气流传播。子囊孢子萌发后自气孔侵入，经1～2个月的潜育期后出现症状。由于子囊孢子的释放时间可持续3个多月，因而病害的发生历期较长。病害发生与气候因子密切相关，日平均气温为25℃、相对湿度90%以上时有利于病菌子囊孢子的释放、传播和萌发。

【防治方法】

（1）适当修剪病枝，冬季清除病落叶，统一收集销毁。

（2）药剂可选用1%波尔多液、65%代森锌或45%代森铵200～300倍液进行防治。

杨树腐烂病

【寄主】杨树、柳树、槭树、接骨木等多种植物。

【病原】污黑腐皮壳菌*Valsa sordida* Nitschke，为子囊菌亚门核菌纲球壳菌目真菌。

【症状】腐烂病又称烂皮病、臭皮病，主要发生在树干及枝条上，引起皮层腐烂，导致树木大量枯死。表现为干腐和枝枯两种类型。

①干腐型　主要发生于主干、大枝及分叉处。有些地区因日温差显著，出现日灼伤，往往在树干基部向阳面首先出现病斑，发病初期呈暗褐色水渍状，略肿胀，皮层组织腐烂变软，手压有水渗出，后失水下陷，有时病部树皮龟裂，病斑有明显的黑褐色边缘，无固定形状。在潮湿或雨后，自分生孢子器的孔口中挤出橘红色胶质卷丝状物。条件适宜时，病斑扩展速度很快，向上下扩展比横向扩展速度快。当病斑包围树干一周时，其上部枯死。病部皮层腐烂，纤维互相分离如麻状，易与木质部剥离，有时腐烂达木质部。

②枯梢型　主要发生在苗木、幼树及大树枝条上。发病初期呈暗灰色，病部迅速扩展，环绕一周后上部枝条枯死。此后，在枯枝上散生许多黑色小点，（分生孢子器）。

【发生规律】病菌以子囊壳、菌丝和分生孢子器在植物病部组织内越冬。翌年春天，温度适宜时，分生孢子借风、雨、昆虫、鸟类进行传播，通过植物的各种伤口侵入寄主体内。该病从4月初开始发生，5～6月是发病盛期，7～8月份病势渐趋缓和，到9月底基本停止发展。

【防治方法】

（1）调运苗木时要进行严格检疫。

（2）加强水肥管理，增强树势，提高抗病力；科学整枝，剪锯口应涂石硫合剂消毒。

（3）移栽时避免伤根太多或碰伤树干，栽植后及时灌水，保证成活。

（4）感病严重的植株应清除、销毁，避免病菌传播。

（5）发现病斑应及时用药。用刀刮除

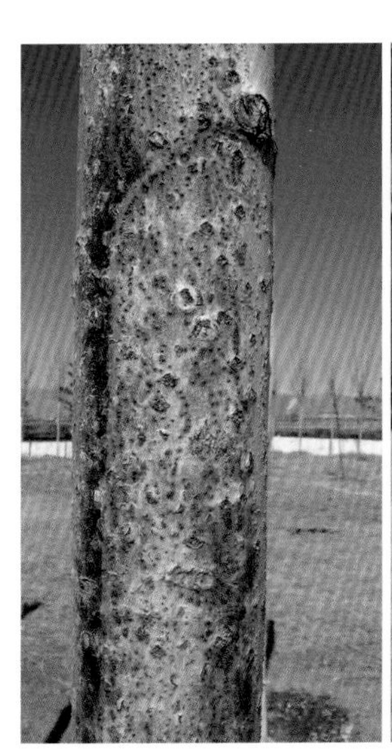

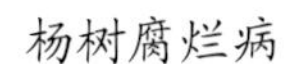

杨树腐烂病

杨树腐烂病

杨树腐烂病在柳树上症状

病斑，刮至健部，后用3%甲基硫菌灵或50%多菌灵可湿性粉剂涂干处理，间隔10～15天涂药1次，连续涂2～3次。

溃疡病

【寄主】白杨、加杨、柳树、刺槐、苹果、海棠等多种阔叶树和雪松等少数针叶树种。

【病原】葡萄座腔菌*Botryosphaeria dothidea* (Moug.) Ces. et De Not.，为子囊菌亚门葡萄座腔菌目葡萄座腔菌属真菌。

【症状】幼树时溃疡病斑主要发生于树干的中、下部，大树受害时枝条上也出现病斑。3月底至4月初，在树干上出现褐色、水渍状圆形或椭圆形病斑，病斑直径约1cm，质地松软，后有红褐色液体流出。有时病斑呈水泡型，树皮凸出，用手压之有褐色黏液溢出。水泡型病斑多出现于秋季，且仅见于光皮杨树上。后期病斑下陷，呈灰褐色，病斑边缘不明显。至5月中旬在病部产生黑色小点，并突破表皮外露，为病菌的分生孢子器。溃疡病斑有多种类型，一般的溃疡病斑发生于皮层内，或稍触及木质部，但大斑溃疡病斑深至木质部，变为灰褐色，病部树皮纵裂。当病斑环绕树干一周时，上部枝干死亡。秋季在病部产生较大的黑色小点，即病菌的子座及子囊腔。在新植幼树主干上部还出现枯梢型溃疡病，首先出现不明显的灰褐色病斑，后病斑迅速包围树干，致使上部枝梢枯死，随后在枯死部位出现分生孢子器。

杨树溃疡病

【发生规律】病原菌以菌丝体和未成熟的子实体在病组织内越冬。越冬病斑内分生孢子器产生的分生孢子成为当年侵染的主要来源。分生孢子主要借风、雨传播，由伤口和皮孔侵入；也可以通过带菌苗木和插穗等繁殖材料的调运进行远距离传播。溃疡病的发生与树皮内水分含量关系密切。杨树溃疡病菌为弱寄生菌，栽培管理不善、养分失调及春旱、春寒、风沙多导致的树木生长势不良等，均易引起发病。

【防治方法】

（1）选择抗病健壮苗木种植，起苗时尽量避免伤根，运输时保持水分，避免受伤。

（2）加强栽培管理，栽植后浇透水，增强树势和抵抗力；秋冬季树干涂白，防止灼伤和冻害。

（3）感病期刮除病斑，用50%多菌灵或70%托布津100～200倍液涂干，间隔7～10天1次，连涂2～3次。涂药5天后，可用50～100ML/L赤霉素涂抹于病斑周围促进愈伤组织生长。

树木腐朽病

【寄主】杨树、柳树、国槐、火炬等阔叶树种及针叶树种。

【病原】担子菌亚门担子菌亚纲非褶菌目Polyporales。

【症状】树干上长出的柔膜状子实体是该病的主要特征。子实体无柄，叠生于树干的伤口处，新鲜时较软，干后变硬，浅黄褐色至灰褐色。病原菌侵染后导致树木根部、干基、心材、边材或整株腐朽，并最终造成树木死亡。

树木腐朽菌

【发生规律】病原菌多为非褶菌目的多孔菌属真菌。腐朽菌的菌丝能够分泌多种酶将寄主植物组织中的纤维素、半纤维素和木质素分解为碳水化合物作为其生活的养料。树木生长势衰弱，有伤口出现时有利于腐朽菌的侵染。

【防治方法】

（1）加强养护管理，合理浇水施肥，增强树势，做好冬季树干涂白工作，提高树木抗性。

（2）及时清理发病落叶及枝条，消除越冬菌源。

（3）避免人为机械损伤，正确修剪。

桃树侵染性流胶病

【寄主】山桃。

【病原】茶藨子葡萄座腔菌*Botryosphaeria ribis* (Tode) Grossend.et Duggar，为子囊菌亚门格孢腔菌目葡萄座腔菌属真菌。

【症状】该病主要发生于山桃枝干上，也可为害果实。初期病部膨胀，随后溢出淡黄色半透明有黏性的软胶，树脂硬化后呈红褐色、晶莹柔软的胶块，最后变成茶褐色硬质胶块。严重时树皮开裂，皮层坏死，树势日趋衰弱，叶片变黄，甚至枝干枯死。

【发生规律】病原孢子借风雨传播，从枝干的皮孔和伤口侵入。春季气温回升，从

山桃流胶病

树液流动开始胶液外溢，随着温度的上升与雨季的来临，病情日趋严重，直到秋季以后病势发展缓慢，逐渐减轻和停止。

【防治方法】

（1）合理修剪，及时防治病虫，减少机械伤口，提高植株抗病性。

（1）冬季刮除流胶硬块及其下部的腐烂皮层，刮除病斑后涂刷50％多菌灵可湿性粉剂100倍液。

（3）萌芽前涂抹45%晶体石硫合剂30倍液或5°Bé石硫合剂。

卫矛扁枝病

【寄主】卫矛。

【病原】植原体Phytoplasma，异名：类菌原体Mycoplasma like organisms，简称MLO。

【症状】发病的枝条变化成龙爪枝，许多萌动芽集中在枝条的顶端，不能正常生长，树梢疯长成鞭状，带化，有的呈盘蛇状弯曲，有的匍匐四伸，疯枝上的叶变厚、变粗糙，不能开花、结果或结成畸形果。

【防治方法】

（1）不单独施氮肥，尤其是不单独施速效氮肥，如尿素。

（2）植原体的传播材料为本身的繁殖器官，如根、芽、皮等，生产过程中要避免用带病的枝条进行栽植、扦插等。

（3）传播媒介多为刺吸式口器昆虫，如叶婵、蜻象、木虱等，及时控制刺吸式害虫对该病有一定的抑制作用。

卫矛扁枝病

鸡冠花茎腐病

【寄主】鸡冠花、菊花、杜鹃、芍药、一串红、君子兰、郁金香等。

【病原】有性态为担子菌亚门瓜亡革菌*Thanate phorus cucumeris* (Frank) Donk；无性态为半知菌亚门立枯丝核菌*Rhizoctonia solani* Kühn。

【症状】首先在近地面的茎基部产生水渍状小褐点，后逐渐扩展成黑褐色病斑。发病初期不易引起注意，病斑在适宜条件下迅速环绕茎部，并明显缢缩。受害植株生长势弱，易倒伏。

【发生规律】病菌可长期生活在土壤中，虽寄生性不强但寄主范围广，是土壤中常见的真菌。植株受侵染后病斑逐渐扩大，病部易腐烂，导致倒伏死亡。

鸡冠花茎腐病

【防治方法】

（1）播种前用40%福尔马林200倍液处理土壤。

（2）播种期要阳光充足，土壤排水性好，合理施肥，增强生长势。

（3）发病期喷洒和浇灌50%福美双500倍液。

根癌病

【寄主】杨树、柳树、苹果、梨树、秋海棠、桃树等。

【病原】根癌土壤杆菌*Agrobacterium tumefaciens* (Smith et Towns.) Conn，为薄壁菌门根瘤菌目根瘤菌科土壤杆菌属细菌。

【症状】病害主要发生在根颈处，有时也发生在主根、侧根和地上部的主干、枝条上。受害处形成大小不等、形状不同的瘤。初生的小瘤呈灰白色或肉色，质地柔软，表面光滑，后渐变成褐色至深褐色，质地坚硬，表面粗糙并龟裂，瘤的内部组织紊乱，薄壁组织及维管束组织混生。在木本植物上，生长季末癌瘤组织常常裂解，为下一年新生的瘤组织所取代。

【发生规律】病原菌在病瘤内或土壤中的寄主残体内越冬，是土传病害，从植物的伤口（嫁接伤、机械伤、虫伤、冻伤等）侵入，刺激邻近细胞加快分裂、增生，形成癌瘤。雨水和灌溉水是传病的主要媒介。此外，地下害虫，如蛴螬、蝼蛄、线虫等在病害传播上也起一定作用。也可以

柳树根癌病

柽柳根癌病

通过苗木带菌进行远距离传播。

【防治方法】

（1）加强苗木检疫工作，无病区不从疫区引种。

（2）加强栽培管理，注意圃地卫生，避免各种伤口。

（3）重病株要挖除，轻病株可切除瘤后用0.05%～0.2%链霉素、0.05%～0.1%土霉素或5%硫酸亚铁涂抹伤口。

丁香花叶病毒病

【寄主】丁香。

【病原】烟草花叶病毒（Tobacco mosaic virus，简称TMV）。

【症状】该病在丁香叶片上症状表现明显。主要表现为花叶型和畸形型。花叶型：叶脉两侧叶肉组织呈淡绿色斑块，后逐渐扩大，但叶脉附近仍保持原来的绿色，出现黄绿相间的花叶，严重时叶片皱缩、畸形。畸形型：叶片增厚、叶面皱缩、叶序紊乱，常呈丛生状。

丁香花叶病毒病

【发生规律】该病主要以病毒粒体在病株内越冬。翌年通过蓟马、蚜虫等刺吸式昆虫进行传播。

【防治方法】

（1）加强栽培管理，充分施足氮磷钾肥及微量元素肥料，提高植株抗病力。

（2）养护管理过程中减少伤口的产生。

（3）及时防治媒介昆虫。

苹果花叶病毒病

【寄主】苹果树。

【病原】李属坏死环斑病毒（Prunus nicrotic ringspot strain virus，简称PNRSV）的苹果株系。

【症状】常见的有斑驳型和花叶型。叶片产生大小不等、形状不规则、边缘清晰鲜黄色的称斑驳型；病斑不规则、有较大的深绿和浅绿相间的色变、边缘不清晰的称花叶型。

苹果花叶病毒病

【发生规律】该病主要靠嫁接传播，砧木和接穗带毒，均会形成新的病株，并且可以通过昆虫传播。病毒的潜育期一般在3～27个月，在温度10～20℃、光照较强、土壤干旱及树势衰弱时较易发病。

【防治方法】

（1）严格选用无毒接穗和实生砧木，带毒植株可在37℃恒温下处理2～3周，即可脱除病毒。

（2）加强水肥管理，适当重修剪，增强树势，提高抗病力。

（3）春季发芽后喷施浓度为50～100 mg/kg增产灵1～2次，可减轻危害程度。

（4）控制蚜虫和红蜘蛛为害，修剪工具使用后及时消毒。

（5）对丧失结果能力的重病树和未结果的病幼树及时刨除，改植健康树。

柳树丛枝病

【寄主】垂柳、旱柳、龙须柳等多种柳树。

【病原】植原体Phytoplasm。

【症状】不同生长阶段的柳树表现症状也不相同，一般表现为叶片皱缩、扭曲并出现褪绿，植株生长受到抑制，后期小枝丛生。

【发生规律】该病近几年开始在呼市发生，且发生量呈明显上升趋势。通过对发病柳树的调查发现，从每年4月初花芽膨大期开始，柳树叶出现穗状小枝，先从花序的基

柳树丛枝病不同时期发病症状

部出现皱缩增生，逐渐向花序顶部发展，最后形成一个紧实的皱缩团。皱缩团是由上百片小叶皱缩而成，且在同一小枝上可连续生长2~3个成串的皱缩团，最大的可达10cm×7cm。秋天落叶后，皱缩团逐渐变成黑色，但仍挂在树枝上长期不落，严重影响树木美观。

皱缩团冬季挂在树上不脱落

【防治方法】

（1）该病是全株性病害，植物一旦患病，治疗是很困难的。因此，在此病的防治上应本着预防为主、综合防治的方针。

（2）防治传毒媒介昆虫，对危害柳树的刺吸害虫进行积极防治。

（3）增施有机肥，加强养护管理，提高植物生长势，增强树木的抵抗力。

第二篇

虫 害

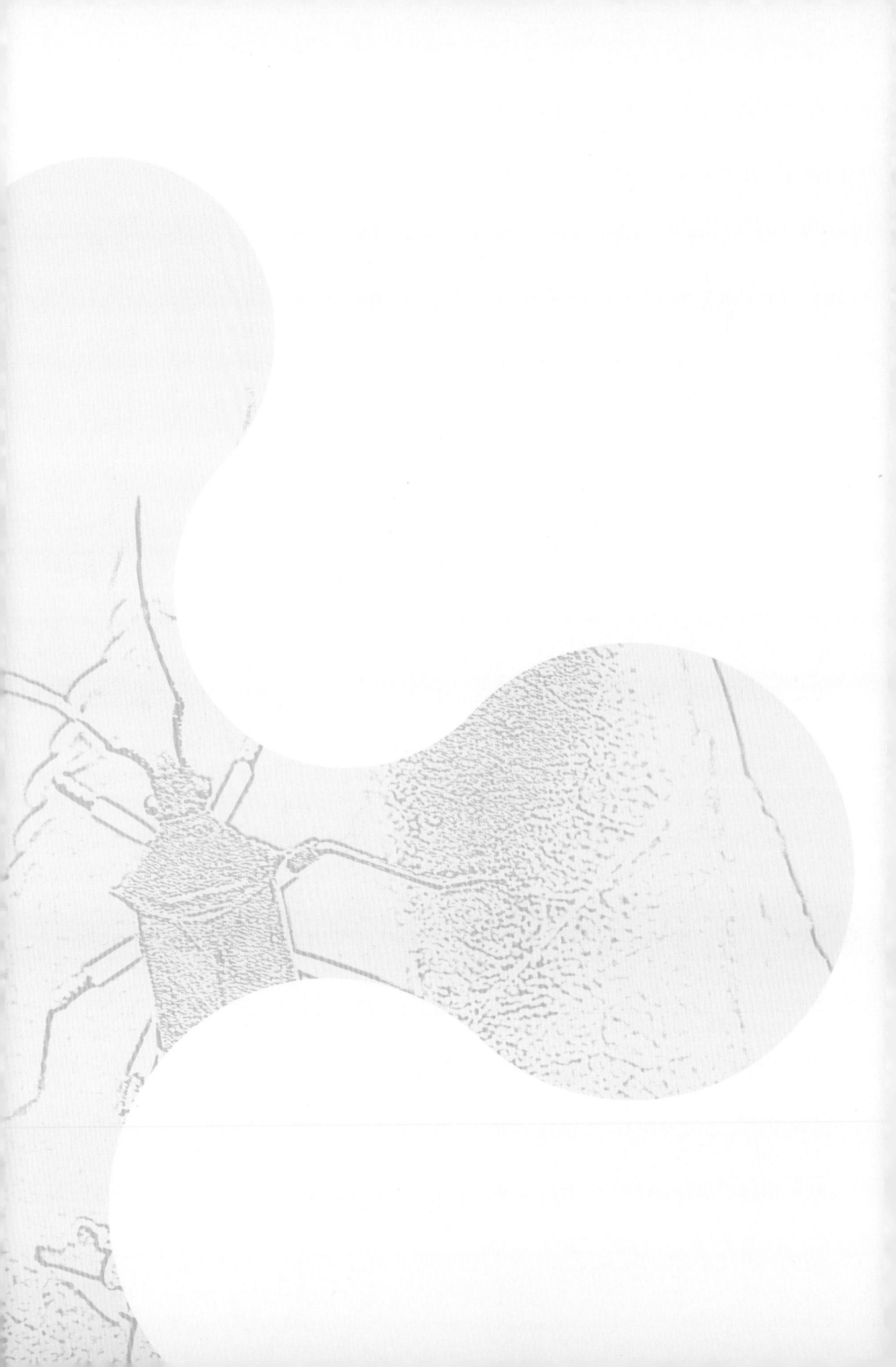

一、刺吸害虫

茶翅蝽

Halyomorpha halys (Stål, 1855)

半翅目 蝽科

【寄主植物】梨、丁香、榆、桑、海棠、山楂、樱桃、桃、苹果等。

【形态特征】成虫体长12～16mm，近椭圆形，扁平，灰褐带紫红色；头略呈矩形，端部两侧斜平截，前方有1处内凹，复眼大且突出；触角5节，第2节短于第3节，第4节两端和第5节基部橙黄色，其余黑色；前胸背板前缘横列有黄褐色小点4个；小盾片基部有横列小点5个；腹部两侧黑白相间；腹侧接缘外露，各节两端1/3黑色，中央黄褐色。卵短圆形，块状，初为灰白色，后为黑褐色。老龄若虫体似成虫，前胸背板两侧有刺突，腹部各节背面有黑斑。

茶翅蝽成虫

【生物学特性】在呼和浩特市（以下简称“呼市”）1年发生1代，以成虫在屋檐下、窗缝、墙缝、草丛、草堆等处越冬。翌年5月下旬成虫开始活动，刺吸植物汁液，为害叶、果，受害叶片褪绿、果实畸形。卵产于叶背，成块状，每个卵块含卵约20粒。7月卵孵化，8月上旬成虫羽化，9月开始越冬。

【防治方法】

（1）冬季清除枯枝落叶和杂草，集中烧毁，消灭越冬成虫。

（2）成虫、若虫为害期清晨振落树干或扫网捕杀。

（3）保护和利用寄生蜂等天敌。

（4）若虫期喷施3%高渗苯氧威乳油3000倍液。

斑须蝽

Dolycoris baccarum (Linnaeus, 1758)

半翅目 蝽科

【寄主植物】梨、桃、苹果、石榴、山楂等。

【形态特征】成虫体长8～13mm，椭圆形，体背黄褐或紫色，密被白色绒毛和小黑刻点；头长宽略相等，黄褐色，刻点黑色，

斑须蝽成虫

斑须蝽若虫

复眼略球形，较小；触角5节，第1节全部、第2～4节基部与端部，及第5节基部黄色，呈黄黑相间；前胸背板前缘中央1/2明显内陷，前侧缘略上翘，淡黄色，后部暗红色；小盾片末端钝而光滑，黄白色；前翅革片淡红褐或暗红色，腹片黄褐色透明；侧接缘外露，黄褐相间。卵桶形，黄色，密被白色短绒毛，表面布满翼刺突、小突起和短绒毛。老龄若虫体椭圆形，黄褐至暗灰色，密被白色绒毛和黑刻点，触角黑色，节间黄白色，小盾片三角形，两基角处黄色小斑1个。

【生物学特性】呼市1年发生2代，以成虫在杂草、枯枝落叶及植物根际越冬。食性广，生命力强。4月中下旬和7月中下旬产卵于叶表或花蕾、果实上，成块状，每个卵块一般12～24粒，4行，整齐纵列，有的排列不整齐。

【防治方法】

（1）清除绿地内杂草和枯枝落叶，消灭其中越冬成虫。

（2）发生严重时，在成虫期向寄主植物喷施48%乐斯本乳油3500倍液或25%噻虫嗪水分散剂4000倍液。

钝肩普缘蝽

Plinachtus bicoloripes (Scott, 1874)

半翅目　蝽科

【寄主植物】杨、榆、卫矛等。

【形态特征】成虫体中型，黑褐色，密被深色小刻点。头小，触角红色，稍长于体长的2/3，第2节最长，第3节最短，喙短；前胸背板梯形，侧缘黑色，平直；小盾片三角形，顶端黑色，前翅膜片浅褐色；腹部背面略向下凹陷，侧接缘基半部黄色，端半部黑色，腹面污黄色；各足股节基半部黄色，端半部、胫节及跗节褐色。

钝肩普缘蝽成虫

钝肩普缘蝽若虫

【防治方法】低龄若虫严重发生时喷洒10%吡虫啉可湿性粉剂2000倍液。

麻皮蝽

Erthesina fullo (Thunberg, 1783)

半翅目 蝽科

【寄主植物】多种阔叶树木。

【形态特征】成虫体长21～24mm，较宽大，头部狭长，背面黑色，密布同色刻点，前端至小盾片中央有1条明显的黄细纵线，后半略细；前胸背板前缘和前侧缘有黄色窄边，前侧缘略内凹，边缘具有1排黄褐色小锯齿，侧角三角形，略深出；小盾片散布较多黄褐色光滑小胝斑；胸部腹板黄白色，密布黑刻点；臭腺沟黄褐色；腹面中央具1条纵沟，长达第5腹节，腹部各节侧接缘中间具小黄斑；各足股节基部黄褐色，胫节大部黑色，中央具有黄褐色带。卵长圆形，光亮，淡绿至深黄白色，顶部中央多数有颗粒状小突起1枚。若虫体扁，洋梨形，有白色粉末；触角4节，黑褐色，节间黄红色；侧缘具浅黄色狭边，第3～6腹节间各有黑色斑1个。

【生物学特性】呼市1年发生1代，以成虫在屋檐下、墙缝、树皮缝等处越冬。5～7月产卵于叶背，块状，含卵约12粒，4行。

麻皮蝽成虫

卵期约10天，1龄若虫围在卵块周围，若虫期约50天。成虫飞翔力强，趋光性弱。

【防治方法】

（1）成虫期人工捕杀飞入室内寻找越冬场所的成虫（用捕虫网扫落）。

（2）成虫、若虫期树冠喷洒25%噻虫嗪水分散粒剂4000倍液或1.2%烟碱·苦参碱乳油1000倍液。

横纹菜蝽

Eurydema gebleri (Kolenati, 1846)

半翅目　蝽科

【寄主植物】十字花科植物及杂草。

【形态特征】成虫体长6～9mm，椭圆形，黄或红色，全体密布刻点；头侧叶基部具有三角形小黄白斑，其余蓝黑色，前端圆两侧下凹，侧缘上卷，边缘红黄色，复眼前方具1红黄色斑，复眼、触角、喙黑色，单眼红色；前胸背板黄白色，边缘橙黄色，中央具6个大黑斑，近前角处2个三角形横斑，后4个斜斑，中央2个明显较大，与侧角处两黑斑相接触，中央形成1黄色隆起“十”字形纹；小盾片中央有蓝黑色斑，具“Y”形黄色纹，末端两侧各具1黑斑。

【生物学特性】呼市1年发生1代，以成虫在石块下越冬。翌年在叶背产卵，以成虫和若虫刺吸叶片汁液，尤喜刺吸嫩芽、嫩茎、嫩叶、花蕾和幼荚。它们的唾液对植物组织有破坏作用，并阻碍糖类的代谢和同化作用的正常进行，被刺处留下黄白色

横纹菜蝽成虫

至微黑色斑点，叶片萎缩。6～7月间盛发，若虫具有假死性。卵产于叶或茎上，单层排列整齐。

【防治方法】

（1）冬季清除绿地内落叶和杂草，消灭越冬成虫。

（2）人工摘除卵块。

（3）在若虫和成虫然危害期喷洒10%吡虫啉可湿性粉剂2000倍液或3%高效氯氰菊酯微囊悬浮剂1000倍液。

金绿真蝽

Pentatoma metallifera (Motschulsky, 1860)

半翅目　蝽科

【寄主植物】杨、榆、柳等。

【形态特征】成虫体长17～22mm，宽10～13mm，金绿色，具刻点，有金属光泽；头

侧叶与中叶等长，复眼突出，具单眼；触角第2～5节黑褐色；前胸背板近扇形，前缘内凹，金绿色，周缘黑褐色，侧缘有明显的锯齿，大而尖，伸向外方；小盾片周缘及前翅革区中部黑绿色。前翅膜区及后翅褐色；侧接缘外露，橘黄与黑色相间；足褐色或红褐色。

【生物学特性】呼市1年发生1～2代，以成虫在杂草、枯枝落叶及植物根际越冬。5月开始产卵，6～9月各虫态均存在。

【防治方法】

（1）成虫期用捕虫网捕杀成虫。

（2）喷洒1.2%烟碱·苦参碱乳油1000倍液或10%吡虫啉可湿性粉剂2000倍液。

金绿真蝽成虫

赤条蝽

Graphosoma rubrolineata (Westwood, 1837)

半翅目 蝽科

【寄主植物】榆、栎、黄菠萝等。

【形态特征】成虫体长10～12mm，橙红色，体背有纵贯全身的黑色条纹，头部2条，前胸背板6条，小盾片4条，边缘2条向后明显变细，体表粗糙，密被细密刻点；头侧叶较宽，比中叶长，将中叶包在里面，复眼略突出，触角黑色；侧缘接有黑橙相间斑纹；足黑色，各腿节上有橙黄色斑。

【生物学特性】呼市1年发生1代，以成虫在枯枝落叶、杂草丛和土块下越冬。翌年5～7月产卵于寄主植物花序或果序表面，聚生成块，双行排列，每块约14粒，卵期9～13天，若虫期约40天，初龄若虫聚集为害，2龄后分散。

【防治方法】

（1）初冬深翻发生地土壤，清除杂草，消灭越冬成虫。

（2）成虫产卵期人工摘除卵块或若虫群。

（3）低龄若虫严重发生时喷洒10%吡虫啉可湿性粉剂2000倍液或森得宝可湿性粉剂1000倍液。

赤条蝽成虫

泛刺同蝽

Acanthosoma spinicolle
(Jakovlev, 1880)

半翅目　同蝽科

【寄主植物】山楂、梨、落叶松等。

【形态特征】成虫体长14～18mm、宽7.2～9.2mm，灰黄绿色；头黄褐色，密被黑色刻点，复眼黑色，触角第1、2节暗褐色，第3、4节红棕色，第5节末端棕色，第1节明显超过头部；前胸背板前缘黄绿色，后部棕褐色，被黑色刻点，侧角延伸成短刺，棕红色，末端尖锐，端部为棕黑色，小盾片三角形、黄绿色，均匀被黑色刻点，端部延伸，浅黄色，光滑无刻点；腹部腹面和侧接缘棕黄色，各节相接处具黑色带；足棕褐色；前翅外革片黄绿色，被黑色刻点，膜片淡棕色。

【生物学特性】呼市1年发生1代，以成虫在石块下、土缝、落叶枯草中越冬。7～9月为成虫盛发期，成虫、若虫刺吸叶片汁液。

【防治方法】

（1）清除林间杂草和人工扫捕成虫。

（2）若虫期喷洒10%吡虫啉可湿性粉剂2000倍液或1.2%烟碱·苦参碱乳油1000倍液。

三点苜蓿盲蝽

Adelphocoris fasciaticollis
(Reuter, 1903)

半翅目　盲蝽科

【寄主植物】杨、柳、榆、刺槐等。

【形态特征】成虫体长5～7mm，长形，暗黄、褐或浅褐色，被白色细毛；头三角形，黄褐色；复眼大，突出，暗褐色；前胸背板梯形，近后端有黑色横纹1个，胝区有长方形黑斑2个；小盾片淡黄色，侧角区域黑褐色，与前翅三角形楔片共有楔形斑点3个；足淡褐色。卵口袋形，淡黄色，颌状缘有一丝状突起。若虫老龄体黄绿色，被暗色细毛。

泛刺同蝽成虫

三点苜蓿盲蝽成虫

【生物学特性】呼市1年发生2～3代，以卵在杨、柳、刺槐等树木的茎皮组织及疤痕处越冬。5～6月和8月各代若虫孵化，世代重叠。成虫喜开放的花朵。卵产在茎叶交叉处，越冬代卵产在树木茎皮、疤痕处。

【防治方法】

（1）初冬喷洒3～5°Bé石硫合剂，杀灭越冬卵。

（2）若虫危害期，喷洒10%吡虫啉可湿性粉剂2000倍液或1.2%烟碱·苦参碱乳油1000倍液。

红足壮异蝽

Urochela quadrinotata (Reuter,1881)

半翅目　异蝽科

【寄主植物】榆、榛等。

【形态特征】成虫体椭圆形，赭色略带红色；头部、胸部及身体腹面土黄色或浅赭色，腹部赭色；头及触角基后方的中央有横皱纹，侧接缘为长方形黑色和土黄色斑相间；前胸背板胝部有2个黑色斜行线斑，中部向内凹陷成波状弯，背部除头部外均有黑色刻点；小盾片基半部略隆起，其上的刻点深而大，基角呈1个黑色椭圆形刻痕；前翅革片中部有2个黑色斑，前胸及后胸侧板后缘有细而稀疏的黑刻点。

【生物学特性】呼市1年发生1代，以成虫于墙壁缝及堆积物下等处越冬。翌年4月下旬开始出蛰取食。5月上旬开始交尾，5月

红足壮异蝽成虫交尾

中旬达到交尾盛期，交尾期延到7月下旬。6月上旬开始产卵，中旬为产卵盛期，产卵时间达50多天。卵于6月中旬开始孵化，6月下旬为孵化盛期。8月上旬开始羽化，8月下旬达到盛期，9月下旬羽化基本结束。成虫边吃边交尾，交尾时间长达数天。交尾产卵交替进行。卵多产于树冠中下部叶片背面，产卵多在夜间至上午10时以前。每头雌虫平均产卵126粒。孵化时间整齐，同一块卵块1天内孵化完毕。3龄后开始分散到叶片和小枝上。

【防治方法】

（1）清除林间杂草，消除越冬成虫。

（2）保护和利用寄生蜂等天敌。

（3）若虫严重发生期，喷洒48%乐斯本乳油3500倍液或25%噻虫嗪水分散剂4000倍液。

角红长蝽

Lygaeus hanseni (Jakovlev, 1883)

半翅目　长蝽科

【寄主植物】月季、枸杞、锦鸡儿、落叶松、果树等。

【形态特征】成虫体长8.0～10.0mm，体赤黄色；前胸背板黑色，后缘中部稍向前凹入，纵脊两侧各有一个近方形的大黑斑，仅两侧端半部及中线红色；小盾片三角形，黑色；前翅爪片除基部和端部赤黄色外基本为黑色，革片和缘片的中域有一黑斑，膜质部黑色，基部近小盾片末端处有一枚白斑，其前缘和外缘白色。

【生物学特性】呼市1年2代，以成虫在石块下、土穴中或树洞里聚集越冬。翌春4月中旬开始活动，5月上旬交尾。第一代卵于5月底至6月中旬孵化，7～8月成虫羽化产卵。第二代卵于8月上旬至9月中旬孵化，9月中旬至11月中旬成虫羽化，11月上中旬开始越冬。成虫怕强光，以上午10时前和下午5时后取食较盛。卵成堆产于土缝里、石块下或根际附近土表，一般每堆30余粒，最多达300粒。

角红长蝽成虫

【防治方法】

（1）9月份彻底清除园内杂草，减少当年成虫发生量，从而减少翌年产卵量。

（2）在虫害发生严重期可喷洒10%吡虫啉可湿性粉剂2000倍液。

横带红长蝽

Lygaeus equestris (Linnaeus, 1758)

半翅目　长蝽科

【寄主植物】十字花科植物及杂草。

【形态特征】成虫体长12.5～14mm，红色，具黑斑；头三角形，前端、后缘、下方及复眼黑色；复眼半球形；触角4节，黑色，第1节短粗，第2节最长，第4节略短于第3节；喙黑色，伸过中足基节；前胸背板梯形，前缘弯后缘直，后缘常有一个双驼峰形黑纹；小盾片三角形，黑色，两侧稍凹；腹部背面朱红，下方各节前缘有2个黑斑，侧缘端角黑色；前翅革片朱红色，爪片中部有一圆形黑斑，顶端暗色，革片近中部有一条不规则的黑横带，膜片黑褐色，超过腹部末端，基部具不规则的白色横纹，中央有一个圆形白斑；足及胸部下方黑色，跗节3节，第1节长，第2节短，爪黑色。

【生物学特性】呼市1年发生1～2代，以成虫在土中越冬。翌春5月中旬开始活动，6月上旬交配产卵，6～8月为发生盛期，各

横带红长蝽成虫交尾

虫态并存。成虫有群集性，于10月中旬陆续越冬。成虫和若虫群集于嫩叶上刺吸汁液，导致叶片枯萎。

【防治方法】

（1）冬季清理园地，消除越冬成虫。

（2）发生严重时，喷洒10%吡虫啉可湿性粉剂2000倍液或25%噻虫嗪水分散粒剂4000倍液。

娇膜肩网蝽

Hegesidemus hadrus (Dtade, 1966)

半翅目　网蝽科

【寄主植物】杨树、柳树。

【形态特征】成虫雌性体长约3.0mm，宽1.6mm左右；雄性体长约2.9mm，宽1.3mm左右；头红褐色，光滑，短面圆鼓；3枚头刺黄白色，被短毛，第4节端部黑褐；头兜屋脊状，末端有2个深褐斑，喙端末伸达中胸腹板中部；触角浅黄褐色，第4节端半部黑褐色；前胸背板浅黄褐色至黑褐色，遍布细刻点，具3条灰黄色纵脊；腹部腹面黑褐色，足黄褐色；前翅浅黄白色，具许多透明小室，两翅上具有深褐色“X”形斑；后翅白色。

【生物学特性】呼市1年发生3～4代，以成虫在树洞、树皮缝隙间或枯枝落叶下越冬。翌年4月上旬恢复活动，上树危害。5

柳树叶片被害状

成虫群集为害柳叶

成虫刺吸柳嫩叶

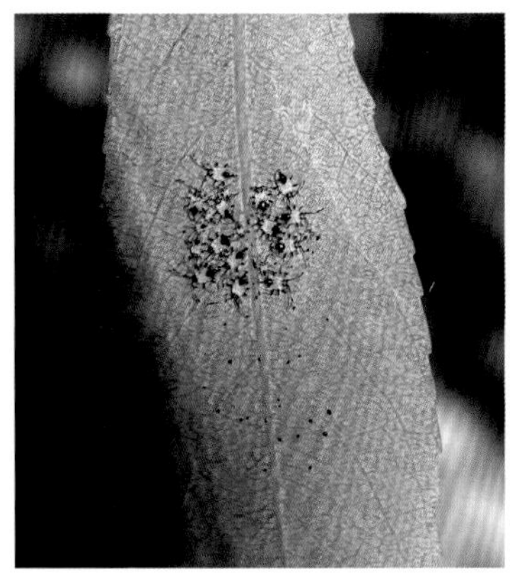
娇膜肩网蝽若虫群集为害柳叶

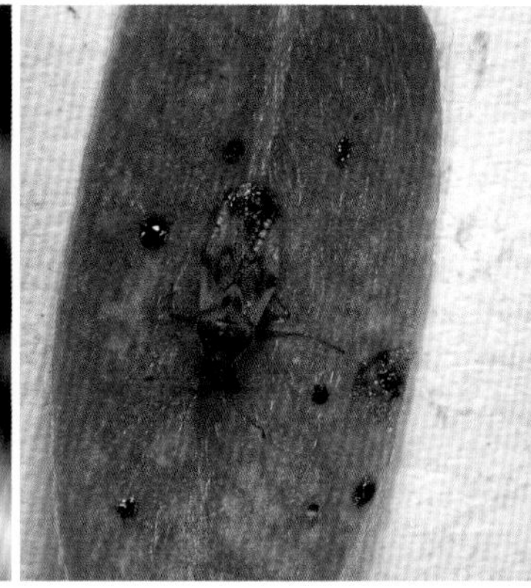
娇膜肩网蝽成虫

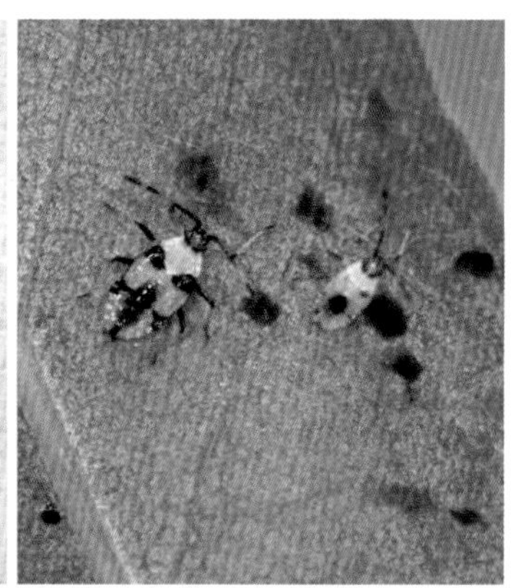
娇膜肩网蝽若虫

月上旬产卵于叶片组织内，每孔产卵1粒，并排泄褐色黏液覆盖产卵孔。5月中旬卵孵化，若虫刺吸叶背面组织，被害叶背面呈白色斑点。第2代成虫出现于7月上旬，第3代8月上旬发生，第4代8月下旬出现，至11月份陆续越冬。成虫喜阴暗，多聚居于树冠中下部叶背。成虫寿命20～30天，若虫4龄。成虫和若虫刺吸叶片，使叶面成白色斑点状，叶背面有黑点状排泄物，对植株生长和园林景观有较大影响。

【防治方法】

（1）冬季清理园地中的枯枝落叶，消除越冬成虫。

（2）发生严重时喷洒30%噻虫胺悬浮剂2000倍液或1.2%烟碱·苦参碱乳油1000倍液。

大青叶蝉

Cicadella viridis (Linnaeue, 1758)

半翅目　叶蝉科

【寄主植物】草坪、杨、柳、榆、白蜡等。

【形态特征】成虫体长8～10mm，浅绿色，头顶有2个多角形黑斑；前胸背板前缘色浅，多呈黄绿色，后缘色浅，深绿色；小盾片黄绿色；前翅黄绿色，端部半透明，翅脉黄褐色。卵光滑，白色微黄，长椭圆形，产于树皮下。老熟若虫头部有2个黑斑，胸背基两侧有4个褐色纵纹直达腹部。

【生物学特性】呼市1年发生3代，以卵在树干、树枝的皮层中越冬。翌年5月初开始孵化，世代重叠。成虫将枝干嫩皮刺割成月牙形伤痕，产卵于内，树干枝条受伤，易失水而枯，也极易遭病虫害侵染，甚至

大青叶蝉成虫

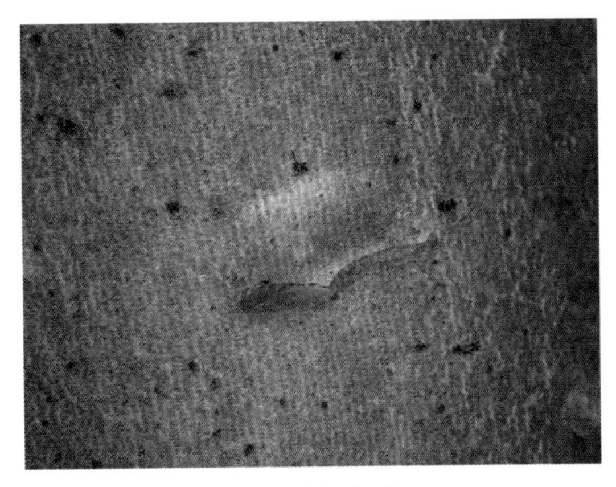
月牙形产卵痕

大青叶蝉卵

大青叶蝉在杨树上的产卵痕

全叶枯死。成虫有一定趋光性。

【防治方法】

（1）夏、冬季涂白，防止和减少产卵。

（2）秋季清除林内杂草，减少虫口密度。

（3）利用黑光灯诱杀成虫。

（4）危害严重时可喷洒1.2%烟碱·苦参碱乳油1000倍液或10%吡虫啉可湿性粉剂2000倍液。

白带尖胸沫蝉

Aphrophora intermedia (Uhler, 1896)

半翅目　沫蝉科

【寄主植物】柳树、榆树、苹果树等。

【形态特征】成虫体长11～12mm，黄褐色，密布黑色小刻点及灰白色短细毛；头部褐色，顶呈倒“V”字形，中隆脊突出；前胸背板暗褐色，近七边形，后缘弧形，前端凹陷内有黄斑4个，近中脊两侧各有黄色圆斑1个；腹部腹面黑褐色；前翅有明显灰白色横带1条；后足胫节外侧有黑刺2个，末端10余个黑刺排成2列。卵弯披针形，一端尖弯，淡黄至深黄色。老龄若虫复眼黑色，腹侧灰色或黄褐色，翅芽达第3腹节中部。

【生物学特性】呼市1年发生1代，以卵在枝条上或枝条内越冬。翌年5月中旬卵孵化，6月中下旬成虫开始羽化，初羽化的成虫体色呈淡黄色，随后虫体颜色逐渐加深。经2～4小时后，开始取食活动，主要

白带尖胸沫蝉若虫

以若虫吸取枝条汁液，枝条受害严重时枯萎死亡。雌成虫存活28～92天，一生最多可产卵156粒，雄成虫存活36～90天；初孵若虫腹部不断排出泡沫，将虫体覆盖，尾部还不时翘起，露在泡沫外。

【防治方法】

（1）秋末至春初剪除带卵枝梢烧毁。

（2）保持树木通风透光。

（3）喷洒50%杀螟松乳油500～800倍液、25%噻虫嗪水分散粒剂10000倍液或10%吡虫啉可湿性粉剂2000倍液进行防治。

皂荚云实木虱

Colophorina robinae (Shinji, 1938)

半翅目　木虱科

【寄主植物】皂荚。

【形态特征】成虫雌体长2.1～2.4mm，翅展4.2～4.3mm；雄体长1.6～2mm，翅展3.2～3.3mm，均粗壮，被短毛；初羽化时体黄白色，后渐变黑褐色；头顶褐色，复眼大，紫红色，触角黄色，第3～9节端和第10节黑色；胸部黑至黑褐色，中胸小盾片两侧、后胸盾片、小盾片黄绿色；前胸侧板伸至背板侧缘中央，中胸盾片中央平凹，两侧突鼓；前翅近半透明，翅痣宽短，翅脉黄白色，有黑褐斑，翅面上散生褐色小点；后足胫节无基齿，端距4个，基跗节具爪状距2个。卵长椭圆形，有短柄，初产乳白色，一端稍带橘红色，后变紫褐

皂荚云实木虱若虫寄生叶面

皂荚云实木虱成虫致使皂荚落叶

皂荚云实木虱若虫寄生叶背

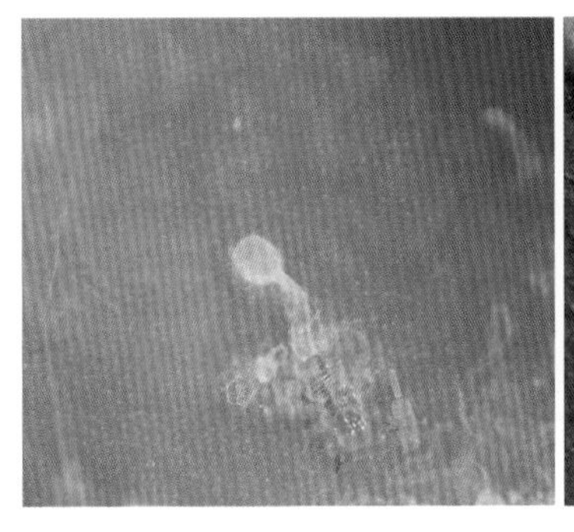
皂荚云实木虱若虫

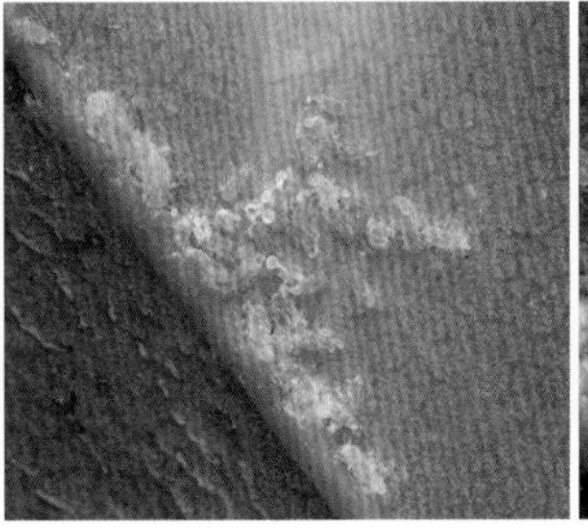
皂荚云实木虱若虫群集

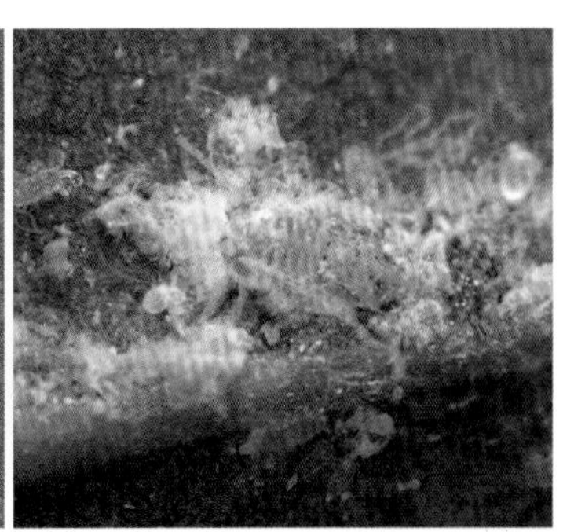
皂荚云实木虱雌介及若虫

色，孵化前灰白色。若虫5龄，体长2.1～2.3mm，黄绿色，复眼红褐色，翅芽大。

【生物学特性】呼市1年发生3～4代，以成虫在树干基部皮缝中越冬。翌年4月上旬开始活动，4月下旬产卵，卵产于叶柄沟槽内及叶脉旁，5月为第一代若虫期，若虫5龄，若虫期20～21天。成虫和若虫吸食皂荚叶，被害嫩叶沿主脉纵向缀合，若虫群栖于其内，严重时全株叶片感染煤污病，提早落叶。成虫有趋光性、假死性，善跳跃。10月成虫越冬。

【防治方法】

（1）加强林木检疫，严禁带虫苗木外运和引进。

（2）4月底前剪除产卵枝条，消灭枝条上的卵。

（3）冬季清除林内枯叶杂草。

（4）保护和利用草岭、瓢虫、寄生蜂等天敌。

（5）在若虫期向嫩叶喷洒3%高渗苯氧威乳油3000倍液或1.2%烟碱・苦参碱乳油1000倍液。

槐豆木虱
Cyamophila willieti (Wu, 1932)

半翅目　木虱科

【寄主植物】国槐、龙爪槐等。

【形态特征】成虫体长3.5～4mm，浅绿至黄绿色，冬型深褐至黑褐色；触角绿色，第3节褐色；胸背具黑色条纹，前胸背板长方形，侧缝伸至背板侧缝中央；前翅透明，长椭圆形，中间有主脉1条，到近中部分开成3支，到近端部每支再分为2支，外缘至后缘有黑色缘斑6个；后足胫节具基齿，端距5个。卵椭圆形，有柄，初产白色

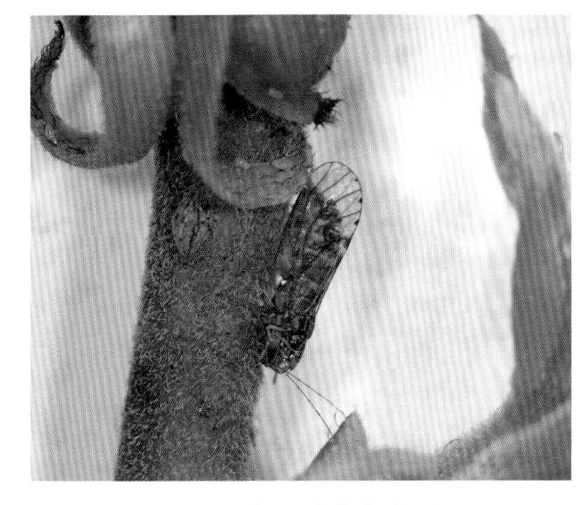
槐豆木虱越冬成虫

槐豆木虱越冬成虫

槐豆木虱越冬成虫

槐豆木虱成虫和若虫

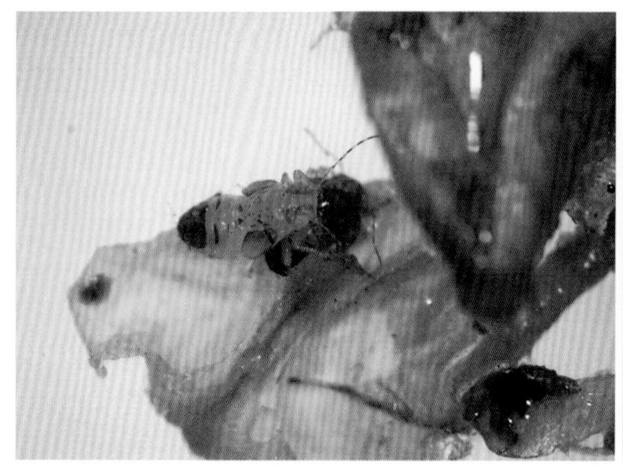

槐豆木虱老龄若虫

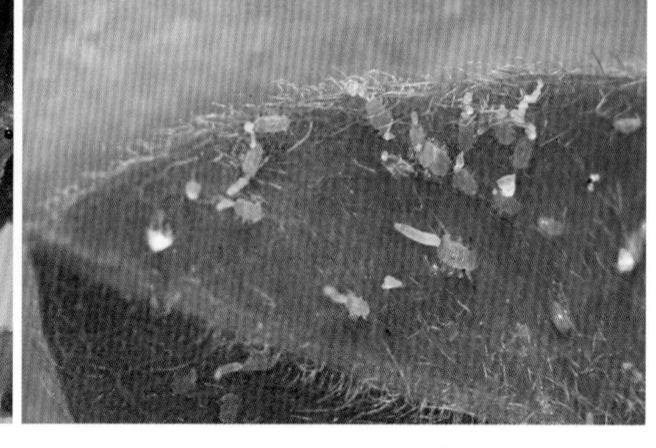

初孵若虫群集为害

透明，孵化时变黄。若虫体略扁，初孵若虫体黄白色，后变绿色，复眼红色，腹部略带黄色。

【生物学特性】呼市1年发生3～4代，以成虫在树洞、树冠下杂草、树皮缝处越冬。4月末开始活动，卵多散产于嫩梢、嫩叶、嫩芽、花序、花苞等处。5月中旬卵开始孵化，若虫刺吸植物叶背、叶柄的幼嫩部分和嫩叶，并在叶片上分泌大量黏液，诱发煤污病。6月成虫大量出现，6～7月干旱和高温季节发生严重，雨季虫量减少，9月虫口量回升，10月后开始越冬。

【防治方法】

（1）发生初期向幼树根部喷施3%高渗苯氧威3000倍液，毒杀成虫。

（2）若虫期喷洒清水冲洗树梢或喷洒10%吡虫啉可湿性粉剂2000倍液或1%苦参碱可溶液剂1000～1500倍液。

（3）保护和利用草蛉、瓢虫等天敌。

桑异脉木虱

Anomoneura mori (Schwarz, 1896)

半翅目　木虱科

【寄主植物】桑树、柏树。

【形态特征】成虫体长4.2～4.7mm，粗壮，黄至黄绿色，初羽化时水绿色、淡绿至褐色，中缝两侧凹陷，橘黄色；触角褐色，第4～8节端及9～10节黑色；前胸两侧凹陷，褐色，中胸前盾片绿色，前缘有褐斑1对；腹部黄褐至绿褐色；前翅半透明，有咖啡色斑纹，外缘及中部组成两纵带；翅面具3块深褐色斑和大量暗褐小斑点；后足胫节具基齿，端距5个。卵谷粒状，近椭圆形，乳白色，孵化前出现红色眼点。若虫初龄体浅橄榄绿色，尾部有白色蜡质长毛；3龄体具翅芽，尾部有白毛4束；5龄体长约2.5mm，宽约0.9mm，触角8～10节，末端2节黑色，翅芽基部有黑纹2条。

【生物学特性】呼市1年发生1代，以成虫在树皮缝内越冬。翌年桑芽萌发时，越冬成虫出蛰和交尾，产卵于脱苞芽未展叶的叶片背面。4月上旬开始孵化，若虫先在产卵叶背取食，被害叶边缘向叶背卷起，不久枯黄脱落，若虫随即迁往其他叶片为害，被害叶背面被若虫尾端的白蜡丝满盖，叶片反卷，易腐烂及诱发煤污病。5月上旬开始羽化，桑树夏伐后群集柏树为害。

【防治方法】

（1）人工摘除有卵嫩叶。

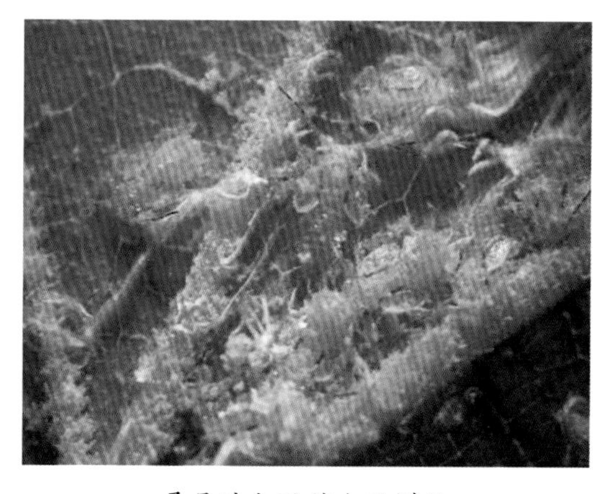

桑异脉木虱若虫及蜡丝

（2）保护和利用异色瓢虫、桑木虱啮小蜂、四斑草蛉等天敌。

（3）桑芽脱苞期及卵孵化期喷洒3%高渗苯氧威乳油3000倍液或10%吡虫啉可湿性粉剂2000倍液。

枸杞线角木虱

Bactericera gobica (Loginova, 1972)

半翅目　木虱科

【寄主植物】果树、枸杞、龙葵等。

【形态特征】成虫体长2.3～3.2mm，翅展7～7.5mm，体黄褐色至黑褐色，具橙黄色纹；头黑色，复眼红褐色，大而突出，触角10节，基节末节黑色，但节间黑褐色，其余黄褐色，端末有两根毛；胸腹背面褐色，腹面黄褐色，腹背面近基部具有一蜡白色横带；末端黄褐色，腹末有一白色点；翅透明，无斑纹。卵呈橙黄色，卵长0.3mm，长椭圆形，表面光滑，具柄，散产于叶的正反两面。若虫共5龄，体扁平，固着在叶上。末龄若虫体长3mm，宽1.5mm。初孵时黄色，背上具褐斑2对，有的可见红色眼点，体缘具白缨毛。若虫长大，翅芽显露覆盖在身体前半部。

【生物学特性】呼市1年发生3～4代，以成虫在寄主附近的土块下、墙缝里、落叶及树干残留枯叶内越冬。4月下旬开始出现，近距离跳跃或飞翔，刺吸枸杞枝叶，停息时翅端略上翘，常左右摇摆，白天交尾、产卵。若虫可爬动，但不活泼，

枸杞线角木虱卵及成虫

枸杞线角木虱若虫为害枸杞叶片

附着叶表，在6～7月间为盛发期，各期虫态均多，以成、若虫在叶背把口器插入叶片组织内，刺吸汁液，致叶黄枝瘦，树势衰弱，浆果发育受抑，品质下降。世代重叠，为害普遍，受害严重的植株到8月下旬即开始枯萎，对枸杞的生长影响甚大。

【防治方法】

（1）冬季及时清理树下的枯枝落叶及杂草，可有效降低越冬成虫数量。

（1）早春在树体喷施仿生胶可有效阻止其上树产卵。

（3）5月上中旬及时摘除有卵叶，6月上中旬剪除若虫密集枝梢并销毁；6月下旬及9月上旬为成虫发生的两个高峰期，网捕成虫可明显减少第二代若虫危害及翌年越冬成虫的发生量。

（4）保护和利用天敌，如寄生蜂枸杞木虱啮小蜂和捕食性天敌食虫齿爪盲蝽。

（5）为害严重时，喷洒10%吡虫啉可湿性粉剂2000倍液或1%苦参碱可溶液剂1000～1500倍液。

柳星粉虱

Asterobemisia yanagicola

(Takahashi, 1934)

同翅目　粉虱科

【寄主植物】柳树。

【形态特征】幼虫在伪蛹壳下为害，伪蛹壳黑色，亚椭圆形。幼虫亚椭圆形，前部稍狭；棕色，扁平，沿背盘区的亚缘区色浅。

【生物学特性】呼市1年发生2代，以老熟幼虫在寄主叶背越冬。翌年4月化蛹，5月成虫羽化，卵多产于叶背。6月上旬第1代若虫开始发生，7月下旬为第2代若虫盛发期。以幼虫固定在叶表刺吸为害，能分泌黏液使叶片发黏、发亮。

【防治方法】

（1）摘除带虫枝叶。

（2）保护和利用粉虱寡节小蜂、草蛉

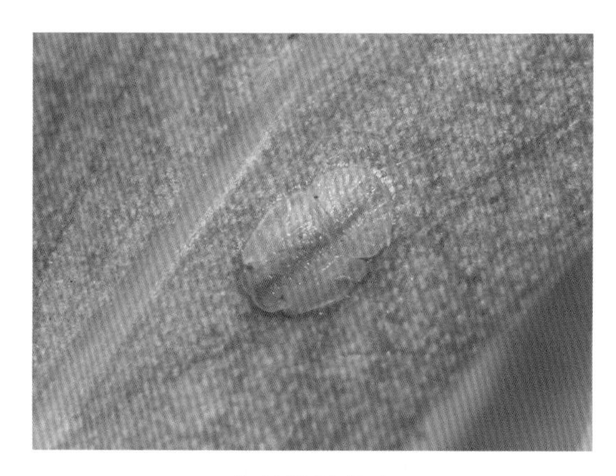

柳星粉虱若虫

柳星粉虱成虫

等天敌。

（3）低龄幼虫期喷洒25%噻虫嗪水分散粒剂10000倍液或10%吡虫啉可湿性粉剂2000倍液。

油松球蚜

Pineus pini (Goeze, 1778)

同翅目 球蚜科

【寄主植物】油松、赤松。

【形态特征】无翅蚜体长0.8mm～1mm，体小，卵形；触角3节，喙5节，超过中足基节；头与前胸愈合，头及胸色稍深，各胸节有斑3对；腹部色淡，体背蜡片发达，由葡萄状蜡孔组成，常有白色蜡丝覆于体上；尾片半月形，毛4根，无腹管。

【生物学特性】呼市1年发生1代，以无翅蚜在寄主植物的枝干裂缝中越冬，翌年春天继续为害，刺吸枝干汁液，5月产卵，若蚜孵化后固定在枝干的幼嫩部位及新抽发的嫩梢、针叶基部，大量吸取汁液，并有白色蜡丝覆盖在体上。因新梢未出针叶就被害，致使针叶生长受挫，短而黄，新梢生长量明显降低。

【防治方法】

（1）保护和利用红缘瓢虫、异色瓢虫和草蛉等天敌。

（2）初孵若蚜期向松枝干喷洒10%的

油松球蚜若蚜为害新梢针叶

油松球蚜为害老针叶

吡虫啉可湿性粉剂2000倍液或1.2%烟碱·苦参碱乳油1000倍液防治。

落叶松球蚜

Adelges laricis (Vallot, 1836)

同翅目　球蚜科

【寄主植物】云杉、落叶松。

【形态特征】干母成虫体圆形，肥大，密被白色絮状物；伪干母成蚜体长1～2mm，棕黑色，体膨大，半球形，背部6列疣明显而有光泽；性母初龄若虫体褐色，体表无分泌物，胸背部具明显翅芽，背部6列疣明显；成蚜黄褐至褐色，具翅，腹部背面蜡片排列整齐。性蚜雌虫橘红色，雄虫色暗。卵棕红色；越冬若虫体长椭圆形，长0.4～0.5mm，宽约0.2mm。

【生物学特性】呼市1年发生1代，以性蚜若蚜在云杉冬芽上和有翅瘿蚜若蚜在落叶松上越冬。翌年4月下旬，越冬的伪干母若虫开始活动，经3次脱皮，即为伪干母成虫，5月上旬产卵。一部分卵5月末羽化成具翅的性

落叶松球蚜

落叶松球蚜

落叶松球蚜产卵于落叶松干部

落叶松球蚜为害云杉形成虫瘿

落叶松球蚜从虫瘿内出来为害

母，迁回到云杉上。另一部分为无翅的侨蚜，留在落叶松上危害。6月干母为害刺激云杉冬芽，导致针叶和主轴变形，形成虫瘿，内居瘿蚜，8月虫瘿开裂，有翅瘿蚜飞离云杉到落叶松上，孤雌产卵，并孵化越冬。

【防治方法】

（1）避免云杉和落叶松混交。

（2）在云杉上的虫瘿开裂之前（7月之前），可剪除虫瘿。

（3）5月上中旬，第一代侨蚜若虫期，可喷施1.2%烟碱·苦参碱乳油1000倍液或10%吡虫啉可湿性粉剂2000倍液防治。

柳倭蚜

Phylloxerina salicis (Lichtenstein, 1884)

同翅目 根瘤蚜科

【寄主植物】柳树。

【形态特征】无翅孤雌胎生蚜体长0.8～0.9mm，梨形，黄色，头胸愈合，复眼暗红色；喙3节；触角3节，第3节较长，端部有锥状感觉毛3根，其中边缘一根较粗大；体背各节近边缘处有蜡孔群；腹部8节，腹端圆形，有短毛4根。卵长约0.3mm，长卵形，初产白色，后变淡黄色，半透明，有反光。若蚜长约0.5mm，长椭圆形，淡黄色，触角和足灰黄色，复眼1对，深红色；喙深灰色，长超过腹端约0.6mm；足3对发达；体背有淡色毛4纵列，体节明显。

【生物学特性】呼市1年发生10多代，以卵在树皮缝隙内越冬。翌年4月上旬孵化，4月下旬变为成蚜，分泌白色蜡丝，产卵成堆产，表面覆盖厚层蜡丝，10天后孵化，完成一代约需20天，10月上旬成蚜在蜡丝内产卵越冬。

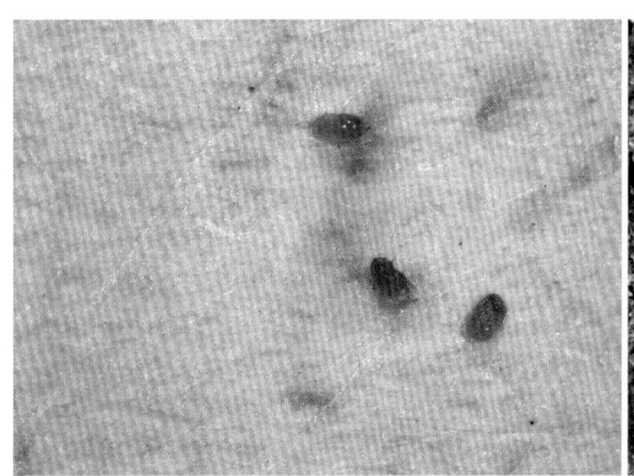

柳倭蚜卵

覆盖蜡丝的柳倭蚜卵

柳倭蚜卵

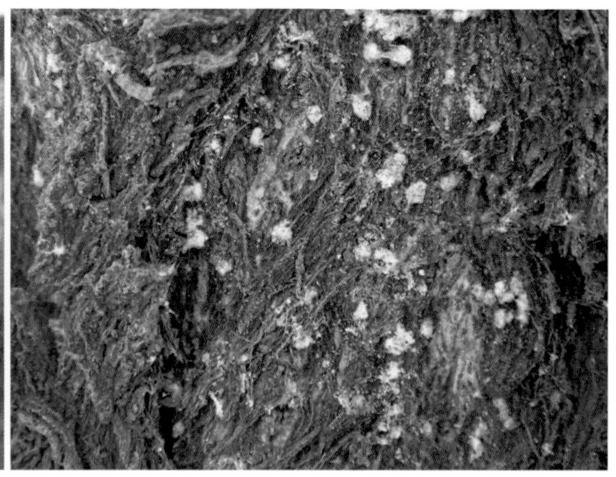
柳倭蚜为害柳树干

【防治方法】

（1）加强苗木产地检疫，防止带虫苗木出圃。

（2）加强和重视冬季涂白。

（3）柳树萌动芽前喷洒5°Bé石硫合剂，杀灭越冬卵。

（4）保护和利用草蛉、食蚜蝇等天敌。

（5）若蚜孵化盛期喷洒10%吡虫啉可湿性粉剂2000倍液或1%苦参碱乳油800倍液。

柏长足大蚜

Cinara tujafilina (del Guercio, 1909)

同翅目　大蚜科

【寄主植物】柏。

【形态特征】无翅孤雌胎生蚜体长3.7～4 mm，呈卵圆形，红褐色，有时被薄蜡粉，密生淡黄色细毛；体背有黑褐色纵带纹2条，由头后向腹部呈“八”字形；中胸腹岔无柄，腹管短小，尾片半圆形。有翅孤雌胎生蚜体长3～3.5mm，头胸黑褐色，腹部红褐色，跗节、爪和腹管黑色；尾片半圆形，有微刺突瓦纹。卵长约1.2mm，椭圆形，初黄绿色，后浅棕至黑色。若蚜与无翅孤雌蚜相似，深绿至黑绿色。

【生物学特性】呼市1年发生数代，以卵在

柏长足大蚜为害柏嫩枝

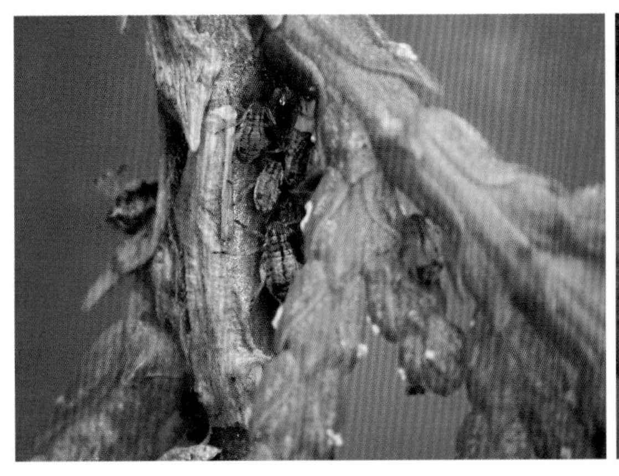

柏长足大蚜

柏长足大蚜无翅孤雌胎生蚜

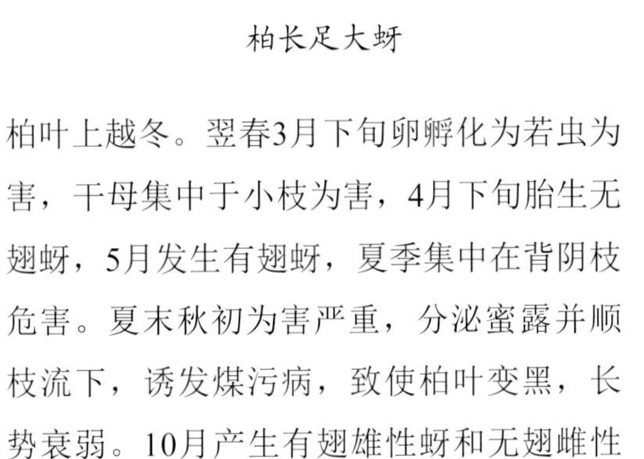

柏叶上越冬。翌春3月下旬卵孵化为若虫为害，干母集中于小枝为害，4月下旬胎生无翅蚜，5月发生有翅蚜，夏季集中在背阴枝危害。夏末秋初为害严重，分泌蜜露并顺枝流下，诱发煤污病，致使柏叶变黑，长势衰弱。10月产生有翅雄性蚜和无翅雌性蚜，交尾产卵越冬。

【防治方法】

（1）保持合理栽植密度，力求通风透光。

（2）保护和利用瓢虫、草蛉等天敌。

（3）春季蚜虫发生初期喷洒10%吡虫啉可湿性粉剂2000倍液或1.2%烟碱·苦参碱乳油1000倍液。

白皮松长足大蚜

Cinara bungeanae (Zhang et Zhong, 1993)

同翅目　大蚜科

【寄主植物】白皮松、华山松。

【形态特征】无翅孤雌胎生蚜体长2.8～3.1mm，体褐色，薄被白粉，腹部散生黑色颗粒状物，背片至少前几节背毛有毛基斑，中胸腹瘤存在，足腿节端部、胫节基部和端大部黑色；腹管短小。有翅孤雌胎生蚜体黑褐色，刚毛黑色，腹末稍尖；翅透明，前缘黑褐色。卵黑色，长椭圆形。若蚜体淡棕褐色。

【生物学特性】呼市1年发生数代，以卵在松针上越冬。翌年4月卵开始孵化，5月上旬出现干母，6月中旬出现有翅侨蚜，并扩散，5～10月世代重叠。该虫刺吸为害枝干，枝部受害严重，重者枝部针叶枯萎

白皮松长足大蚜为害白皮松针叶

白皮松长足大蚜为害白皮松树干

死亡。另外，其分泌物易引起煤污病的发生。10月末出现性蚜，交尾后产卵越冬。若虫共4龄，每代约20天。

【防治方法】

（1）冬季摘除、修剪带卵针叶。

（2）秋末在主干上绑缚塑料薄膜环，阻隔落地后爬向树干产卵的成虫，迫使其产卵于塑料环下，其卵成为翌春食蚜蝇的食料。

（3）保护和利用异色瓢虫、食蚜蝇、蚜茧蜂、草蛉等天敌。

（4）在蚜虫为害盛期，喷10%吡虫啉可湿性粉剂2000倍液或1%苦参碱可溶液剂1500倍液。

居长足松大蚜（油松大蚜）

Cinara pinihabitans (Mordvilko, 1894)

同翅目　大蚜科

【寄主植物】油松、樟子松、赤松等。

【形态特征】无翅孤雌胎生蚜体长3～4mm，体褐色至墨绿色，中后胸色稍浅，被很薄的白蜡粉；触角6节，褐色，第三节最长；腹部散生黑色颗粒状物，背片至少前几节背毛有毛基斑，中胸腹瘤存在；腿节端部1/2、胫节端半部褐色。有翅孤雌胎生蚜体黑褐色，刚毛黑色，腹末稍尖；翅透明，前缘黑褐色。卵长椭圆形，刚产出时白绿色，后渐变为黑绿色。两卵间有丝状物连

居长足松大蚜成蚜

居长足松大蚜卵孵化若蚜

居长足松大蚜雌成蚜

居长足松大蚜危害油松

居长足松大蚜越冬卵

居长足松大蚜无翅成蚜

居长足松大蚜成蚜上树

居长足松大蚜若蚜

接，多由7～15个卵整齐排列在松针叶上，有时可发现白色、红色、灰绿色卵粒。不太饱满的卵中部有凹陷，卵上常被有白色蜡粉。若蚜体淡棕褐色，复眼黑色，突出于头侧。秋末，雌成蚜腹末被有白色蜡粉。

【生物学特性】呼市1年发生数代，以卵在松针上越冬。翌年4月下旬卵开始孵化，孵化的若蚜爬行至枝条下面，开始集中在嫩枝上固定刺吸为害，以成虫、若虫刺吸枝、干汁液。15天左右发育为无翅胎生蚜，并进行孤雌胎生。5月上旬出现干母，6月初开始出现有翅蚜，聚集的蚜虫开始分散为害。严重发生时，松针尖端发红发干，针叶上也有黄红色斑，枯针、落针明显。该虫常刺吸寄主植物的汁液，大爆发时分泌的蜜露常常顺枝流下，诱发煤污病。9月下旬出现有翅性蚜，开始进行有性繁殖，雄性交配后死亡，雌性产卵于针叶上，在一年生或两年生针叶上单排或双排排列。10月末产卵越冬。

【防治方法】

（1）秋末或春季在松树主干上绑缚塑料薄膜环，阻止蚜虫落地后继续爬向树冠为害。

（2）保护和利用瓢虫、草蛉等天敌。

（3）严重发生时可喷洒1.2%烟碱·苦参碱乳油1000倍液或10%吡虫啉可湿性粉剂2000倍液。

柳瘤大蚜

Tuberolachnus salignus (Gmelin, 1790)

同翅目　大蚜科

【寄主植物】垂柳、旱柳等多种柳树。

【形态特征】无翅蚜体长4～5mm，体灰黑色，被有细毛；触角6节；腹部膨大，第5腹节背中央有锥形突起瘤；腹管扁平圆锥形，尾片半月形。有翅蚜体长4mm左右，体灰黑色，被有细毛；触角6节，全黑色；翅透明，翅痣细长；腹管扁平，足暗红褐色，后足特长。

【生物学特性】呼市1年发生10多代，以成虫在主干下部的树皮缝隙内越冬。翌年春季开始向上部活动，4～5月大量繁殖盛发，若蚜和成虫多群集在幼枝分叉处和嫩枝上为害，吸食汁液，分泌蜜露，常引起煤污病发生，春季和秋季是发生盛期。7～8月高温多雨，虫口密度明显下降。9～10月再度猖獗为害，11月下旬开始潜藏越冬。

柳瘤大蚜为害状

柳瘤大蚜无翅蚜

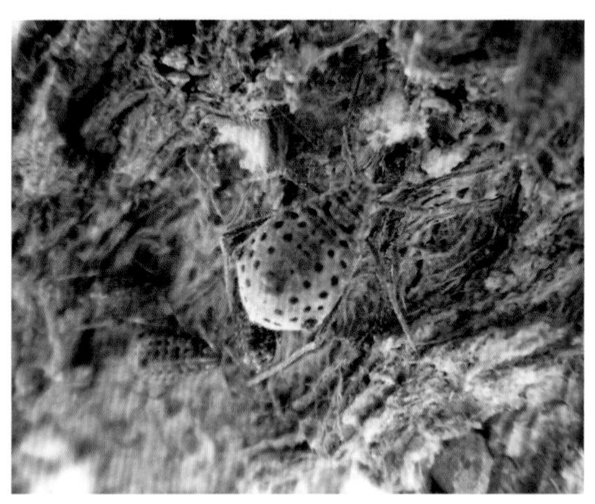

柳瘤大蚜有翅蚜

【防治方法】

（1）人工剪除受害枝叶。

（2）悬挂黄色粘虫板或利用灯光诱杀。

（3）蚜虫用药易产生抗性，选药时建议用复配药剂或轮换用药。

（4）保护和利用瓢虫、食蚜蝇、蚜茧蜂、草蛉等天敌。

（5）发生严重时，喷洒10%吡虫啉可

湿性粉剂2000倍液、1%苦参碱可溶液剂1500倍液或1.2%烟碱·苦参碱乳油1000倍。

秋四脉绵蚜

Tetraneura nigriab dominalis

(Sasaki, 1899)

同翅目 绵蚜科

【寄主植物】榆树。

【形态特征】无翅孤雌胎生蚜体长2.3mm，近圆形，体淡黄色、灰绿色，薄被白粉；触角5节，足跗节1节，第7～8腹节各有横带1条；体表光滑，腹管短截形，尾片半圆形。有翅孤雌胎生蚜体长约2.5mm，头、胸黑色，腹部绿色，有横带；喙短粗，超过前足基节，端部有刚毛3对；前翅中脉单一，各翅脉镶黑边，后翅仅为一斜脉；尾板、尾片半圆形，尾板有长短毛29根，尾片有长毛2根。干母体长2.1mm，灰绿色，无翅。雄性蚜体长0.8mm，深绿色，狭长。雌性蚜体长约1.3mm，肥圆，黑褐色、墨绿色或黄绿色。

秋四脉绵蚜无翅孤雌胎生蚜

秋四脉绵蚜早期虫瘿

秋四脉绵蚜为害状

【生物学特性】呼市1年发生近10代，以卵在榆树枝干、树皮缝中越冬。翌年5月上旬越冬卵孵化，爬至新萌发的榆树叶背面固定为害，5月上旬在受害叶面形成紫红色或黄绿色无刺毛的袋状虫瘿，干母独自潜伏在其中为害，5月下旬至6月上旬，虫瘿开裂，有翅蚜自裂口爬出，迁往高粱、玉米根部胎生繁殖为害，10月上旬产生有翅性母，飞回榆树枝干上产生性蚜，交配后产卵越冬。

【防治方法】

（1）秋末树干涂白，封闭杀死树皮缝

处的越冬卵。

（2）在蚜虫发生初期喷洒10%吡虫啉可湿性粉剂2000倍液。

榆绵蚜

Eriosoma lanuginosum dilanuginosum (Zhang,1980)

同翅目　绵蚜科

【寄主植物】榆树。

【形态特征】无翅孤雌胎生蚜体长1.8～2.2mm，赤褐色，无斑纹；体背蜡片花瓣状，由5～15个蜡孔组成，被白蜡毛；腹管半环状，尾片短毛2根。有翅孤雌胎生蚜体长1.7～2mm，暗褐色，头、胸黑色，体被白色蜡毛；触角6节；腹管环形，有短毛11～15根。雌性蚜体长约1mm，淡黄褐色，腹部赤褐色，稍被蜡毛。若蚜共4龄；体长椭圆形，赤褐色，被白色蜡毛；触角5节。

【生物学特性】呼市1年发生10余代，以无翅蚜低龄若虫在根部及枝干皮缝内越冬。翌年4月下旬开始活动，5月孤雌胎生后代，若虫在叶腋、嫩芽、嫩梢等处为害，6～7月为发生盛期，9～10月蚜量再度上升。

【防治方法】

（1）冬、早春向寄主植物喷施3～5°Bé石硫合剂。

（2）早春向嫩叶、嫩枝喷施10%吡虫啉可湿性粉剂2000倍液或1.2%烟碱·苦参碱乳油1000倍。

（3）保护和利用如瓢虫、草蛉、食蚜蝇、蚜茧蜂等天敌。

白毛蚜

Chaitophorus populialbae (Boyer de Fonscolombe, 1841)

同翅目　毛蚜科

【寄主植物】毛白杨、河北杨、北京杨等。

【形态特征】无翅孤雌胎生蚜体长约1.9mm，体卵圆形，白至淡绿色，体密生刚毛；胸部、腹部背面有深绿色斑，胸部有2个，

榆绵蚜虫瘿

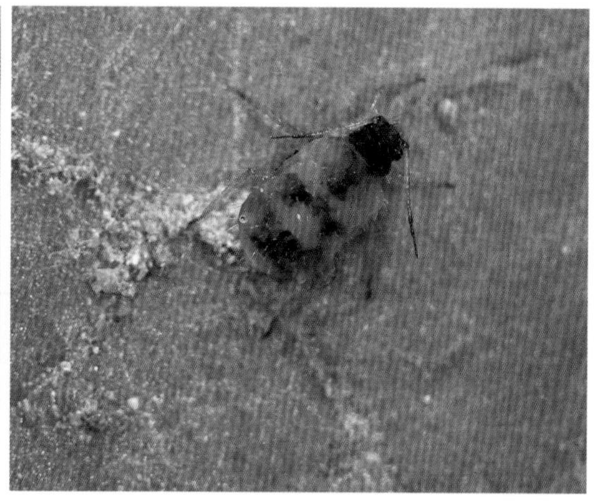

白毛蚜无翅蚜

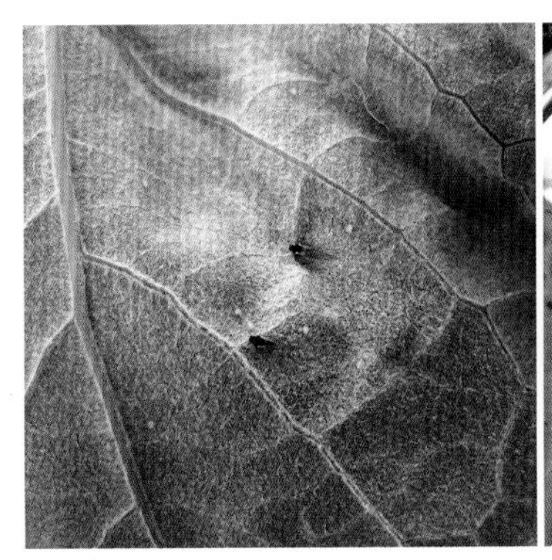
白毛蚜有翅孤雌胎生蚜

白毛蚜有翅孤雌胎生蚜

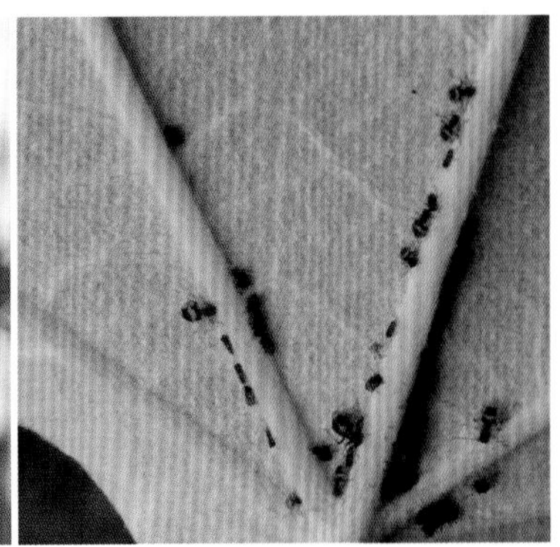
白毛蚜群集叶片为害

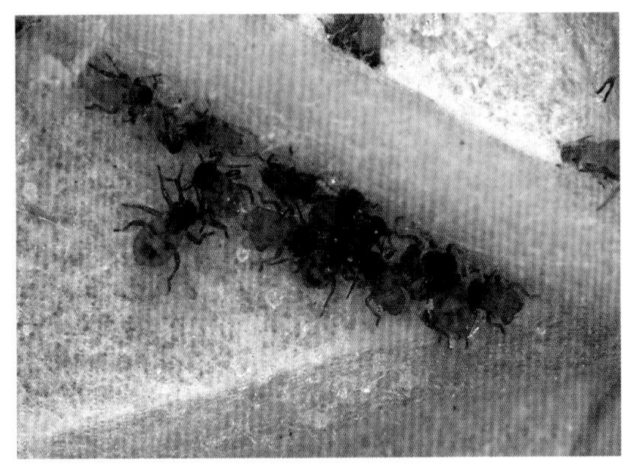
白毛蚜若蚜群集刺吸叶面

腹部前后各有2个，中部有1个；腹管截断状；尾管瘤状，有微刺突横纹；尾板末端圆形。有翅孤雌胎生蚜体长约1.9mm，浅绿色；头部黑色，复眼赤褐色；腹部深绿或绿色，背面有黑横斑；翅痣灰褐色，中、后胸黑色。若蚜初期白色，后变绿色；复眼赤褐色，体白色。干母体长约2mm，淡绿或黄绿色。卵长圆形，灰黑色。

【生物学特性】呼市1年发生10多代，以卵在芽腋、枝干皮缝等处越冬。翌年春季杨树叶芽萌发时，越冬卵孵化为干母，干母多在新叶背面为害，在叶背面和瘿螨为害形成的畸形叶外面发生量大，受害严重。5～6月产生有翅孤雌胎生蚜扩大为害，6月后易诱发煤污病，10月产生性母，孤雌胎生雌、雄性蚜，交尾产卵越冬。

【防治方法】

（1）保护和利用瓢虫、草蛉、食蚜蝇等天敌。

（2）蚜虫发生初期喷洒10%吡虫啉可湿性粉剂2000倍液、1.2%烟碱·苦参碱乳油1000倍或1%苦参碱可溶性液剂1500倍液。

朝鲜毛蚜

Chaitophorus populeti (Panzer, 1801)

同翅目　毛蚜科

【寄主植物】杨树。

【形态特征】无翅孤雌胎生蚜体长约2.2mm，绿色，体被淡色长毛，背有墨绿色斑纹；触角6节；腹管短截形，有网状纹；尾片瘤状，长于腹管，有毛7～10根。有翅孤雌胎生蚜体长2.3mm；触角6节；头、胸黑色，腹部深绿或绿色，背有黑斑，体毛粗长而尖；脉正常。

【生物学特性】呼市1年发生10余代，以卵在寄主枝干和皮缝内越冬。翌年毛白杨叶芽萌动时卵孵化，全年在叶背、叶柄和嫩梢为害，与白毛蚜混合发生。4～6月为害重，犹以幼树和大树的根生枝条为重。10月产生性蚜，交尾产卵越冬。

【防治方法】

（1）保护和利用如瓢虫、草蛉、食蚜蝇等天敌。

（2）发生初期向叶背和嫩枝喷洒10%吡虫啉可湿性粉剂2000倍液、1.2%烟碱·苦参碱乳油1000倍或1%苦参碱可溶性液剂1500倍液。

朝鲜毛蚜布满杨树嫩稍

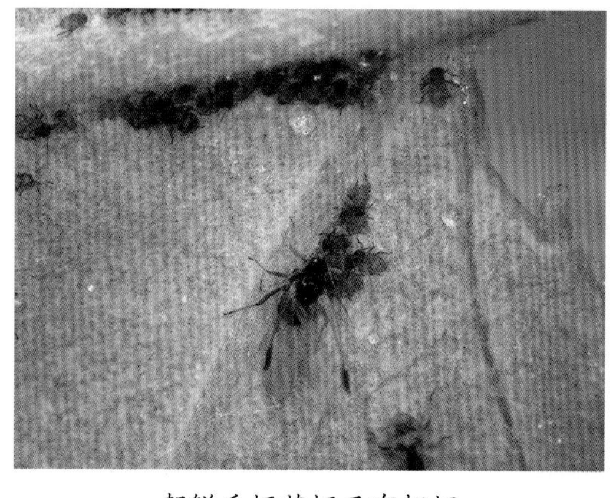

朝鲜毛蚜若蚜及有翅蚜

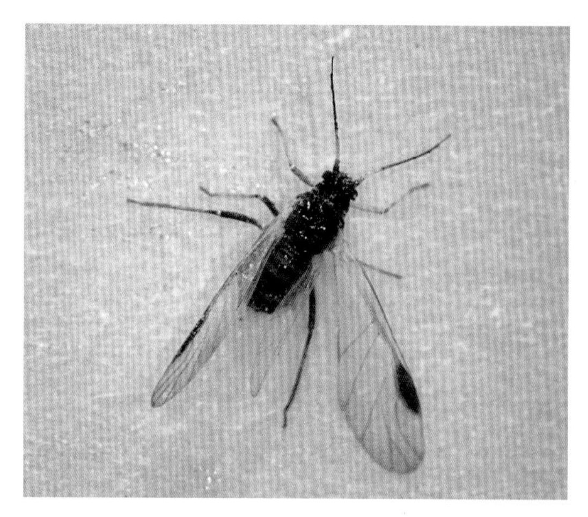

朝鲜毛蚜有翅蚜

柳黑毛蚜

Chaitophorus saliniger (Shinji, 1924)

同翅目　毛蚜科

【寄主植物】旱柳、垂柳、杞柳、龙爪柳等柳属植物。

【形态特征】无翅孤雌胎生蚜体长约1.4mm，体黑色，卵圆形；头及各胸节间分离，触角6节，为体长的1/2，第3节毛5根；第1～7腹节背片有愈合的背大斑1个，各缘斑黑色加厚；腹管截断形，有网纹，尾片瘤状，毛6～7根，后足胫节基部稍膨大。有翅孤雌胎生蚜体长1.5mm，黑色，附肢淡色，触角6节，腹背有大斑；喙达中足基节，端节有次生刚毛2对；后足胫节基部稍膨大，有伪感觉圈，表皮有微刺组成瓦状纹，部分分岔，毛尖锐；翅脉正常，有晕；腹管短筒

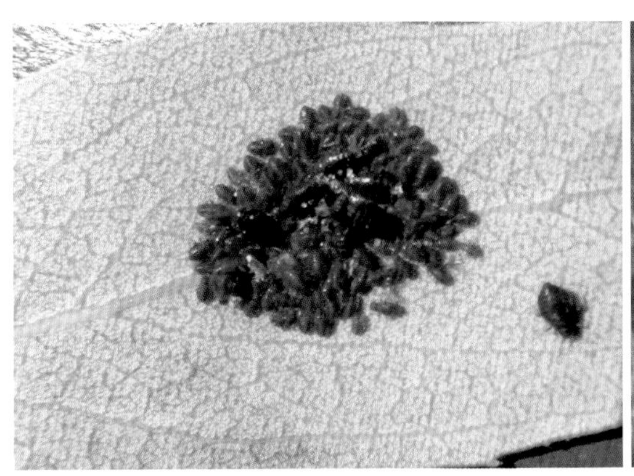
柳黑毛蚜聚集为害

柳黑毛蚜为害叶片

柳黑毛蚜无翅僵蚜

柳黑毛蚜无翅孤雌胎生蚜

形，有缘突和切迹，尾片瘤状，毛7～8根。

【生物学特性】呼市1年发生20余代，为害时间各有长短，以卵在柳枝上越冬。每年4～5月，越冬卵孵化，开始为害，6～7月大发生，严重时盖满叶背，排泄的蜜露可诱发黑霉病，造成大量落叶，甚至可使十多年生大柳树死亡。在6月下旬至7月上旬可产生有翅孤雌胎生雌蚜，扩散为害，多数世代为无翅孤雌胎生雌蚜，10月下旬产生性蚜后交尾产卵越冬，全年在柳树上生活。

【防治方法】

（1）早春通过对柳树刮树皮或剪除被害枝梢消灭越冬卵。

（2）保护和利用瓢虫、草蛉、螳螂、食蚜蝇、蚜茧蜂等天敌。

（3）喷施1.8%阿维菌素乳油4000倍液或3.6%烟碱·苦参碱微囊悬浮剂1000倍液。

肖绿斑蚜

Chromocallis similinirecola

(ZhangShinji, 1982)

同翅目　斑蚜科

【寄主植物】榆树。

【形态特征】有翅孤雌蚜体绿色，被薄粉；触角第3～6节，足胫节、跗节第2节端部及

肖绿斑蚜有翅孤雌胎生蚜和若蚜

榆华毛斑蚜

Sinochaitophorus maoi (Takahashi, 1936)

同翅目　斑蚜科

【寄主植物】榆树。

【形态特征】无翅孤雌胎生蚜体长约1.8～2.1mm，卵圆形，体红棕色至灰白色，背面黑色附肢淡色一头、胸和第1～6腹节后足腿节端暗褐色，其他全淡色。头背蜡片隐约可见；体表光滑，毛瘤隆起，第2～4腹节背中毛瘤2～3对；腹管截短筒形，有明显切迹，尾板2片分离；翅脉镶黑边，径脉基半部不显。

榆华毛斑蚜若蚜

榆华毛斑蚜无翅孤雌胎生蚜

【生物学特性】呼市1年发生数代，以卵越冬。在叶背取食。6月发生严重，10月出现性蚜。

【防治方法】

（1）冬初喷洒3～5°Bé石硫合剂，杀灭越冬卵。

（2）若虫、成虫发生初期向叶背喷洒10%吡虫啉可湿性粉剂2000倍液或1.2%烟碱・苦参碱乳油1000倍液。

（3）保护和利用瓢虫、草蛉、食蚜蝇和蚜小蜂等天敌。

愈合一体呈大斑；前胸、第1～7腹节具缘瘤；体背长毛分叉；触角6节；腹管短筒形，微显瓦纹，无缘突和切迹；尾片呈瘤状，端圆。有翅孤雌胎生蚜体长约1.6mm，长卵形，体背黑色，体毛尖长；第1～6腹节各有缘斑1个，第7～8腹节各有横带1个，第1～6腹节各有中、侧黑斑愈合横带；翅脉灰色，各有黑色宽镶边，前翅仅基部及脉间有透明部分；尾片瘤状。

【生物学特性】呼市1年发生数代，以卵在榆枝芽苞附近越冬。翌年早春孵化，5～10月均发生为害，有翅蚜极少。在幼叶背面及幼茎为害，尤喜在小檗枝顶端发生。

【防治方法】

（1）冬初喷洒3～5°Bé石硫合剂，杀灭越冬卵。

（2）合理修剪，保持通风透光。

（3）保护和利用瓢虫、草蛉、食蚜蝇和蚜茧蜂等天敌。

（4）若虫、成虫发生初期向叶背喷洒10%吡虫啉可湿性粉剂2000倍液或1.2%烟碱·苦参碱乳油1000倍液。

榆长斑蚜

Tinocallis saltans (Nevsky, 1929)

同翅目　斑蚜科

【寄主植物】榆、紫穗槐。

【形态特征】有翅孤雌胎生蚜体长1.7～2 mm，体金黄色，头胸部红棕色，有明显黑斑；触角6节，约为体长的2/3；头部无背瘤，

榆长斑蚜有翅孤雌蚜及若蚜

体背有明显黑色或淡色瘤，前胸背板有淡色中瘤2对，中胸和第1～8腹节各有中瘤1对，中胸中瘤大于触角第2节，第1～5腹节有缘瘤，每瘤生刚毛1根；翅脉正常，有深色晕；腹管短筒形，无缘突，有切迹；尾片瘤状。

【生物学特性】呼市1年发生数代。成虫活跃，在叶背分散为害，6月大发生时布满叶背，以背风向阳幼树为多。

【防治方法】参考榆华毛斑蚜防治方法。

桃蚜

Myzus persicae (Sulzer, 1776)

同翅目　蚜科

【寄主植物】山桃、李、梅、杏、梨等。

【形态特征】无翅孤雌胎生雌蚜体长1.2～2.2mm，体卵圆形；复眼红色；额瘤显著，内缘圆形，内倾，中额微隆；触角

6节，灰黑色；腹管细长，圆筒形，灰黑色，尾片与体同色，圆锥形，近基部收缩，曲毛6～7根。春季黄绿色、背中线和侧横带翠绿色，夏季白至淡黄绿色，秋季褐至赤褐色。有翅孤雌胎生雌蚜体长约2.2mm，头、胸部黑色，腹部深褐、淡绿、橘红色；第3～6腹节背面中央有大型黑斑一块，第2～4腹节各有缘斑，腹节腹背有淡黑色斑纹；腹管绿、黑色，较长；尾片圆锥形，黑色，曲毛6根。卵长椭圆形，初产时淡绿色，后变漆黑色。若蚜与无翅雌蚜相似，体较小，淡绿或淡红色。

桃蚜有翅和无翅孤雌胎生蚜

春季桃蚜无翅蚜

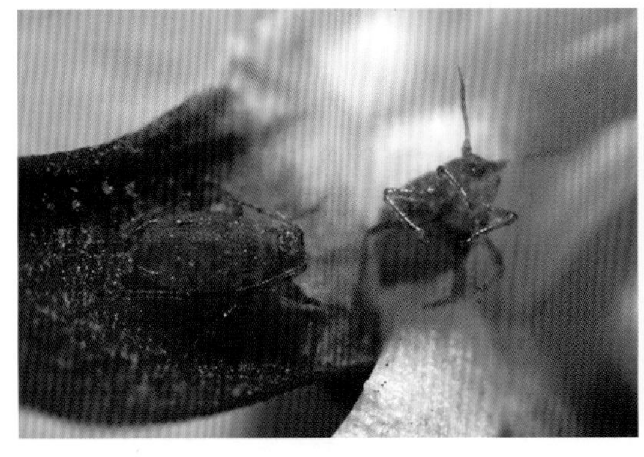

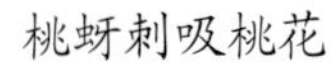

桃蚜刺吸桃花

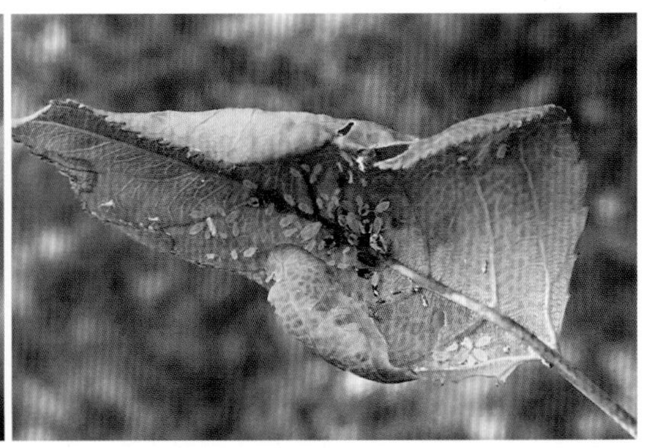

桃蚜

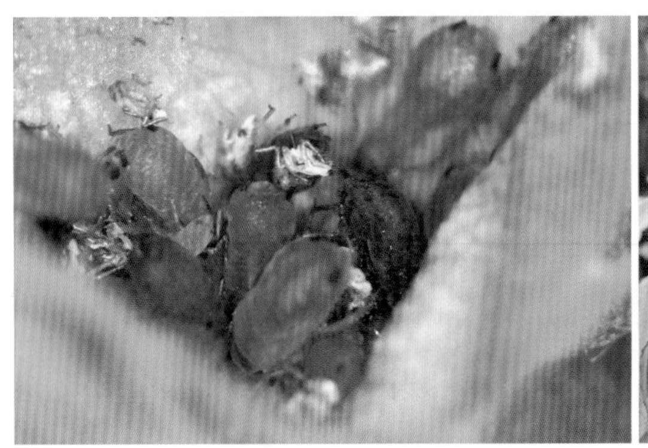

桃蚜无翅胎生蚜

桃树被害状

【生物学特性】呼市1年可发生10余代，以卵在桃树枝梢、芽腋和树皮缝等处越冬。翌年3月中下旬越冬卵开始孵化，先群集在芽上为害，展叶后多聚集在叶背取食，4～5月繁殖最盛，危害也较严重，受害叶反向横卷或不规则卷缩，后排出油状液体。越冬卵抗寒力很强，即使在北方高寒地区也能安全越冬。桃蚜在不同年份发生量不同，主要受雨量、气温等影响，降雨是蚜虫发生的限制因素。

【防治方法】

（1）冬季或早春寄主植物发芽前喷洒石硫合剂。

（2）在蚜虫迁飞期悬挂黄色粘虫板诱粘有翅蚜。

（3）保护和利用瓢虫、草蛉、蚜茧蜂和蚜小蜂等天敌。

（4）春季花后喷洒1.2%烟碱·苦参碱乳油1000倍液或10%吡虫啉可湿性粉剂2000倍液进行防治。

桃瘤头蚜

Tuberocephalus momonis

(Matsumura, 1917)

同翅目 蚜科

【寄主植物】桃、山桃等。

【形态特征】无翅孤雌蚜，体长约1.7mm，宽约0.68mm；触角为体长的2/5；头黑色，胸、腹部灰绿至绿褐色，背面有黑色斑纹；额瘤明显圆形，外倾，中额瘤微隆起；腹管圆筒形、黑色。尾片三角形、顶端尖，有长曲毛3对；足短粗，粗糙、有明显瓦纹。有翅孤蚜体长约1.7mm、宽约0.68mm，淡黄色至黄绿色；节间斑较明显，灰褐色；腹管长为尾片2.2倍；翅脉粗黑色，其余特征同无翅蚜。卵圆形。

【生物学特性】呼市1年发生10余代，以卵在桃树芽腋、缝隙等处越冬。桃树芽苞膨大期卵孵化为干母，干母危害芽苞，幼叶展开时在叶背危害，使叶面反向纵卷、肿胀扭曲，由绿色变红色伪虫瘿。7月产生有翅蚜，向其他桃树扩散蔓延，夏季高温时

桃瘤头蚜被害末期

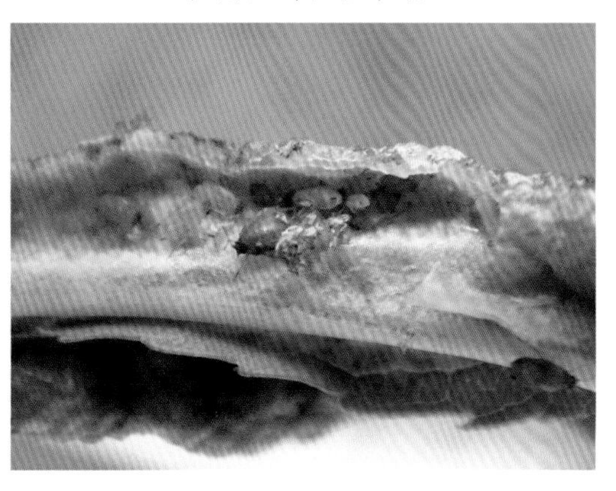

无翅蚜

山桃受桃瘤头蚜危害状

发生受抑，秋末产生雌雄性蚜，交配并产卵越冬。

【防治方法】

（1）冬季修剪带虫卵枝，早春要对被害较重的虫枝进行修剪，并集中销毁，减少虫源和卵源。

（2）冬初喷洒3～5°Bé石硫合剂杀灭越冬卵。

（3）保护和利用瓢虫等天敌。

（4）幼叶尚未卷曲时，喷洒10%吡虫啉可湿性粉剂2000倍液或50%啶虫脒水分散粒剂3000倍液进行防治。

桃粉大尾蚜

Hyalopterus persickonus

(Miller, Lozier et Foottit, 2008)

同翅目　蚜科

【寄主植物】山桃、榆叶梅、杏等。

【形态特征】无翅胎生雌蚜体长1.5～2.6 mm，体淡绿色，具深绿色斑纹，被白色蜡粉，复眼红褐色，触角短，为体长的1/2；腹管筒形，浅色，向端部变深色，短小，尾片圆锥形，黑色，有曲毛5～6根。有翅胎生雌蚜体长2～2.1mm，体被白蜡粉，翅

瓢虫捕食桃粉大尾蚜

桃粉大尾蚜群集为害

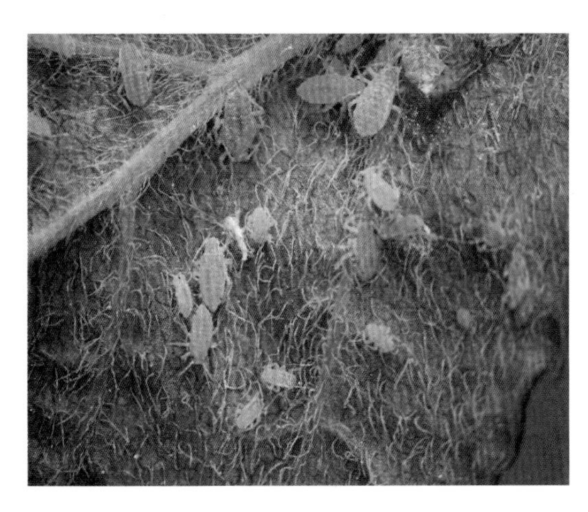

桃粉大尾蚜成蚜和若蚜

展6.6mm左右，头胸部暗黄至黑色，腹部黄绿色。卵椭圆形，长0.6mm，初黄绿后变黑色。若蚜体小，淡黄绿色，与无翅胎生雌蚜相似，被白粉。有翅若蚜胸部发达。

【生物学特性】呼市1年发生10多代，以卵在冬寄主的芽腋、裂缝及短枝杈处越冬。4月上旬越冬卵孵化为若蚜，为害幼芽嫩叶，发育为成蚜后，进行孤雌生殖，胎生繁殖。5月出现胎生有翅蚜，迁飞传播，继续胎生繁殖，点片发生，数量日渐增多。5～7月繁殖最盛为害严重，此期间叶背布满虫体，叶片边缘稍向背面纵卷。8～9月迁飞至其他植物上为害，10月又回到冬寄主上，为害一段时间，出现有翅雄蚜和无翅雌蚜，交配后进行有性繁殖，在枝条上产卵越冬。

【防治方法】

（1）保护和利用瓢虫、草蛉等天敌。

（2）喷药防治应掌握在谢花后叶片未卷缩以前。若虫大量出现时，喷洒1.2%烟碱·苦参碱乳油1000倍液或10%吡虫啉可湿性粉剂2000倍液防治。

禾谷缢管蚜

Rhopalosiphum padi (Linnaeus, 1758)

同翅目　蚜科

【寄主植物】桃、李、杏、榆叶梅等蔷薇科植物及禾本科植物等。

【形态特征】无翅孤雌蚜体长约1.9mm，宽卵形，橄榄绿至黑绿色，杂以黄绿色纹，常被灰白色薄粉；额瘤明显，触角6节，长度为体长的1/2；腹管黑色，很短，圆筒形，端部瓶口状，腹管基部四周有淡褐或锈色斑。有翅孤雌蚜头、胸部黑色，腹部暗绿色，末端带红褐色；触角第3节有次

禾谷缢管蚜

被害状

禾谷缢管蚜有翅蚜和无翅蚜

生感觉圈19～28个，第4节1～7个；前翅中脉3条，前2条中脉分叉甚小。

【生物学特性】呼市1年发生数代，以卵在第一寄主芽腋和枝条裂缝间越冬。第一寄主为李属植物。在李属植物蘖枝上危害重，被害叶面背向纵卷。5～6月迁移至麦类植物上为害，6～7月迁移至高粱、玉米上为害，大多寄生叶背面。晚秋产生雌、雄性蚜，迁回第一寄主产卵越冬。

【防治方法】

（1）及时清除周围杂草，以减少虫源。

（2）保护和利用异色瓢虫、黑缘红瓢虫等天敌。

（3）严重发生时可喷洒1.2%烟碱·苦参碱乳油1000倍液或10%吡虫啉可湿性粉剂2000倍液进行防治。

柳蚜

Aphis farinosa (Gmelin, 1790)

同翅目　蚜科

【寄主植物】柳树。

【形态特征】无翅孤雌胎生蚜体长约2.1mm，蓝绿、绿、黄绿色，腹管白色（有时橙褐色或仅后几节橙色），顶端黑色，被薄粉，附肢淡色；中胸腹岔有短柄；中额平；体侧具缘瘤，以前胸者最大；腹管长圆筒形，向端部渐细，有瓦纹、缘突和切迹；尾片长圆锥形，近中部收缩，有曲毛9～13根。有翅孤雌胎生蚜体长约1.9mm，头、胸黑绿色，腹部黄绿色；腹管灰黑至黑色，前斑小，后斑大。

【生物学特性】呼市1年发生数代，以卵越冬。此蚜为柳树常见害虫，群集于柳树嫩梢及嫩叶背面，有时盖满嫩梢15～20cm以内和叶背面，尤喜为害根生蘖枝及修剪后生出的蘖枝。5～7月大量发生。夏季不产

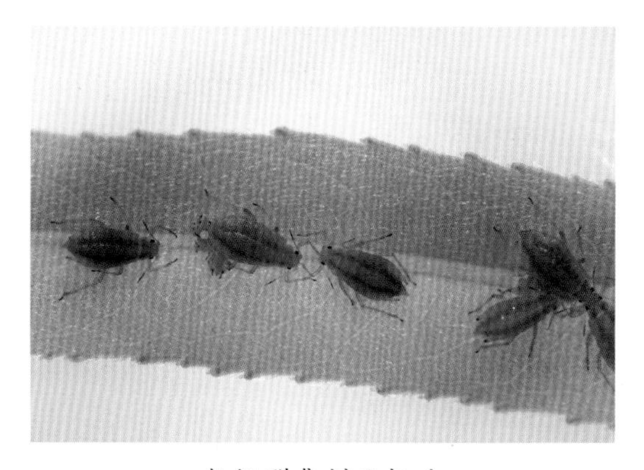

柳蚜群集刺吸柳叶

柳蚜无翅孤雌胎生蚜

生雌、雄性蚜，不以受精卵越夏，而以孤雌胎生蚜继续繁殖。

【防治方法】

（1）冬季喷洒3～5°Bé石硫合剂。

（2）保护利用如双带盘瓢虫，大突肩瓢虫和小花蝽等天敌。

（3）发生初期喷洒10%吡虫啉可湿性粉剂2000倍液或1.2%烟碱·苦参碱乳油1000倍液或25%噻虫嗪水分散粒剂10000倍液。

甜菜蚜危害海棠

甜菜蚜（绣线菊蚜）

Aphis spiraecola (Patch, 1914)

同翅目　蚜科

【寄主植物】苹果、海棠、梨、山楂、樱花、榆叶梅、绣线菊等。

【形态特征】无翅孤雌胎生蚜体长约1.7mm，黄、黄绿或绿色；腹部第5～6节间斑黑色，腹管圆筒形，黑色；尾片长圆锥形，黑色，有长毛9～13根。有翅孤雌胎生蚜体长约1.7mm；头、胸部黑色，腹部黄、黄绿或绿色，两侧有黑斑；腹管、尾片黑色。卵椭圆形，漆黑色，有光泽。若蚜形似无翅胎生雌蚜，鲜黄色，触角、复眼、足和腹管均黑色。

【生物学特性】呼市1年发生10余代，以卵在寄主植物枝条缝隙及芽苞附近越冬。翌年4月越冬卵孵化，5月上旬至6月中下旬为发生盛期，5月中旬至6月上旬为高峰期，群集于幼叶、嫩枝及芽上。被害叶向下弯曲或横向卷缩。6月中旬后蚜量减少，9月中旬又有所增加，11月下旬产卵越冬。

【防治方法】

（1）冬季或早春寄主植物发芽前剪除

甜菜蚜危害海棠

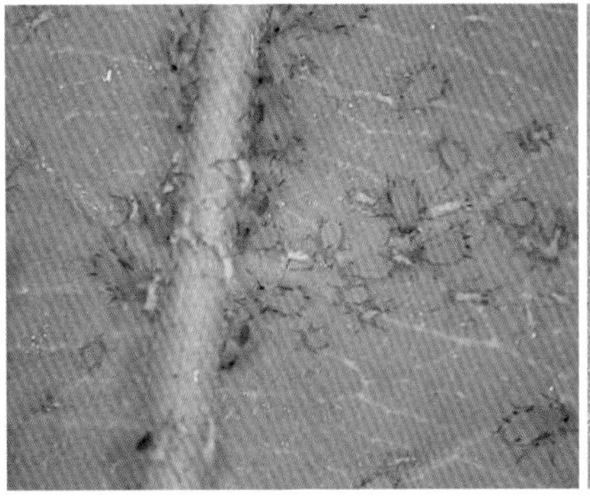

甜菜蚜无翅蚜在叶上为害

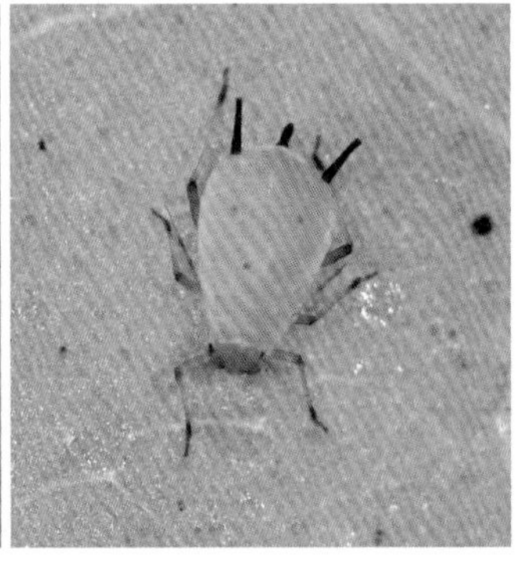

甜菜蚜无翅孤雌胎生蚜

有卵枝条或喷施5°Bé石硫合剂。

（2）保护和利用瓢虫、草蛉、食蚜蝇、蚜茧蜂、蚜小蜂等天敌。

（3）春季越冬卵刚孵化和秋季蚜虫产卵前各喷施一次10%吡虫啉可湿性粉剂2000倍液或1.2%烟碱·苦参碱乳油1000倍液防治。

中国槐蚜

Aphis cytisorum (Hartig, 1841)

同翅目　蚜科

【寄主植物】槐。

【形态特征】无翅孤雌胎生蚜体长2mm，卵圆形，黑褐色，体被白粉；触角终端、足大部黄白色；中胸背斑明显，腹背中、侧、缘斑不愈合；体背毛尖，腹面多毛；腹部每节具黑斑覆盖，第1腹节毛为触角第3节基宽1.3倍，腹管圆筒形，长于尾片，尾片舌形，尾板半圆形。有翅孤雌胎生蚜体长卵形，黑褐色，被有白粉；第1～6腹节背中斑呈短横带。

【生物学特性】呼市1年发生10余代，以无翅孤雌蚜、若蚜在背风、向阳处的野苜蓿、野豌豆等心叶及根茎交界处越冬。翌年4月在寄主上大量繁殖，5月中下旬产生有翅孤雌蚜向刺槐、国槐等豆科植物迁飞，6～7月末出现第2次迁飞高峰，7月

中国槐蚜危害国槐嫩梢

中国槐蚜群集在槐花上为害

中国槐蚜

上旬虫口密度逐渐增加，7月中下旬繁殖加快，以成虫、若虫聚集在槐树嫩梢上吸食汁液，引起新稍弯曲，嫩叶卷缩，枝条不能正常生长，同时其分泌物常引起煤污病，形成第3次迁飞高峰；10月又在收割后的菜豆、扁豆、紫穗槐等新发嫩芽上繁殖危害，后逐渐产生有翅蚜迁飞到越冬寄主上繁殖为害并越冬。

【防治方法】

（1）应尽量避免寄主植物的混交和近距离栽植。

（2）保护和利用黑缘红瓢虫、蚜小蜂、姬小蜂、扁角跳小蜂、草蛉等天敌。

（3）害虫发生期喷洒10%吡虫啉可湿性粉剂2000倍液或1.2%烟碱·苦参碱乳油1000倍液。

刺槐蚜

Aphi craccivora (Koch, 1854)

同翅目 蚜科

【寄主植物】刺槐、紫穗槐。

【形态特征】无翅孤雌胎生蚜体长约2mm，卵圆形，漆黑或黑褐色，少有黑绿色，具光泽，被均匀蜡粉；触角6节；腹管黑色，有瓦纹；尾片黑色，圆锥形，具微刺组成的瓦纹。有翅孤雌胎生蚜体长卵圆形，体长约1.6mm，黑绿色或黑褐色，有黑色横斑纹，具光泽；触角6节。卵长约0.5mm，黄褐或黑褐色。

【生物学特性】呼市1年发生10多代，多以无翅胎生雌蚜在地丁、野苜蓿等杂草根际等处越冬，少数以卵越冬。翌年3～4月在杂草等寄主上繁殖，5月中旬产生有翅孤雌胎生雌蚜，6月初迁飞至刺槐上繁殖和为害，6月是严重危害期。喜为害嫩梢、嫩叶和嫩芽，受害枝梢枯萎、卷缩和弯垂。秋末迁向杂草根际越冬。

【防治方法】

（1）蚜虫初迁至树木繁殖为害时，及时剪掉树干、树枝上受害严重的萌生枝或喷洒清水冲洗，防止蔓延。

（2）保护和利用瓢虫、草蛉、蚜茧蜂、食蚜蝇和小花蝽等天敌。

（3）盛发期向植株喷洒10%吡虫啉可湿性粉剂2000倍液或1.2%烟碱·苦参碱乳油1000倍液。

刺槐蚜

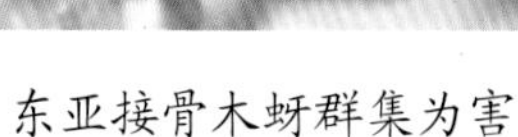
东亚接骨木蚜群集为害

东亚接骨木蚜若虫

东亚接骨木蚜

Aphis horii (Takahashi, 1923)

同翅目　蚜科

【寄主植物】接骨木。

【形态特征】无翅孤雌胎生蚜体长约2.3mm，卵圆形，黑蓝色，具光泽；触角第6节基部短于鞭部的1/2，长于第4节；前胸和各腹节分别有缘瘤1对；腹管长筒形，长为尾片长的2.5倍；喙几达后足基节；足黑色，体毛尖锐；尾片舌状，尾板半圆形。有翅孤雌胎生蚜体长约2.4mm，长卵形，黑色有光泽，足黑色；触角第6节鞭部长于第4节；腹部有缘瘤；腹管长于触角第3节。

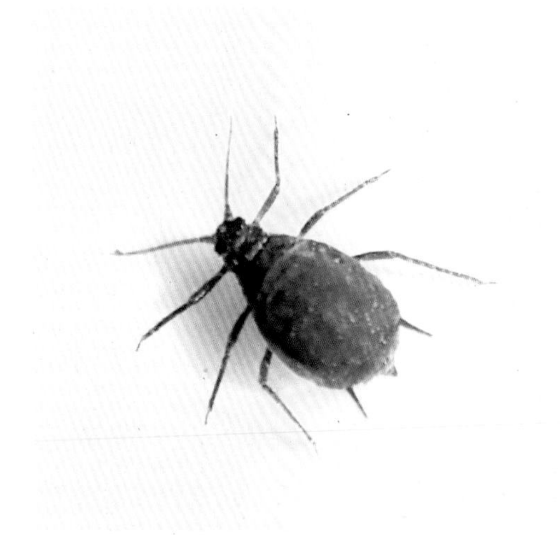
东亚接骨木蚜成虫

【生物学特性】呼市1年发生数代，以卵在接骨木上越冬。翌年4月孵化，群集于寄主嫩梢和嫩叶背面危害，5～6月危害重。

【防治方法】

（1）冬季喷洒3～5°Bé石硫合剂或95%蚧螨灵乳剂400倍液，杀灭越冬卵。

（2）保护和利用蚜茧蜂、瓢虫、草蛉和食蚜蝇等天敌。

（3）发生初期喷洒1.2%烟碱·苦参碱乳油1000倍液或10%吡虫啉可湿性粉剂2000倍液进行防治。

印度修尾蚜

Indomegoura indica (Van et Goot, 1916)

同翅目　蚜科

印度修尾蚜群集为害大花萱草

瓢虫捕食印度修尾蚜

【寄主植物】金针菜、萱草等萱草属植物。

【形态特征】无翅孤雌蚜体长3.9mm、宽1.6mm，金黄色，有白色蜡粉；触角与体同长或稍长；喙粗大，可达中足基节；有原生刚毛2对，次生刚毛2对；腹管为体长0.17倍，为尾片的1.4倍，基部、中部圆筒状，端部1/4收缩，有明显网纹，有缘突和切迹；尾片长圆锥形，长为基宽的1.9倍，有毛11～14根，尾板末端圆形，有毛27～29根。有翅孤雌蚜体长3.4mm、宽1.6mm；触角约为体长的1.2倍；翅脉正常。

【生物学特性】呼市代数不详，以卵在寄

印度修尾蚜蜕的皮

印度修尾蚜为害大花萱草的花

主根际处越冬。7～8月危害最重，茎、花蕾、叶片背面布满虫体，刺吸叶内汁液，易造成黄叶、落叶，并排泄大量蜜露，从而引起煤污病，使枝叶变黑，不能正常开花。随着气温升高而产生有翅蚜迁飞他处为害，10月后陆续回迁至寄主根际处产卵越冬。

【防治方法】

（1）刮除小枝上的蚜虫，冬季摘除带卵叶。

（2）利用成蚜强趋性的特点，危害期悬挂黄色粘虫板诱杀有翅蚜。

（3）保护和利用龟纹瓢虫、中华草蛉、食蚜蝇、小花蝽、蚜茧蜂等天敌。

（4）寄主萌芽期或在成蚜越冬卵孵化高峰期，喷洒10%吡虫啉可湿性粉剂2000倍液或1.2%烟碱·苦参碱乳油1000倍防治。

日本履绵蚧

Drosicha corpulenta (Kuwana, 1902)

同翅目　绵蚧科

【寄主植物】柳、卫矛、白蜡、紫叶矮樱、紫叶稠李、玫瑰、月季等。

【形态特征】雌成虫体长7.8～10mm，无翅，体扁椭圆形，紫褐色，形态似草鞋底状；触角8～9节，端节最长；体背常被有蜡粉。雄成虫紫红色，翅灰黑色。卵长椭圆形，外被白色卵囊。若虫褐色，似成虫。

【生物学特性】呼市1年发生1代，大多以卵或个别1龄若虫在寄主根部周围的松土层中、落叶层下或建筑物缝等处越冬。翌年3月初若虫扩散转移，群栖于花木嫩芽、嫩梢、枝干、根部刺吸为害，严重时造成长势衰退、枝枯、叶落。6月上旬雌雄交配，雌成虫交配后下爬至树干基部松土层等处产卵。每雌成虫可产卵100多粒，卵产于卵袋中。

【防治方法】

（1）清除园内渣土、枯枝落叶、杂草等，消灭越冬卵。

（2）初春（2月底）在树干基部涂闭合粘虫胶或绑缚闭合塑料环，阻止若虫上树为害，每天清理一次。

（3）保护利用红环瓢虫等天敌。

日本履绵蚧雌雄虫交尾

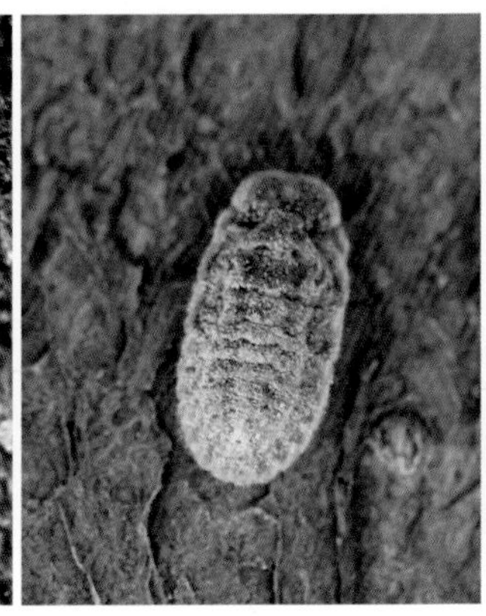

日本履绵蚧雌成虫

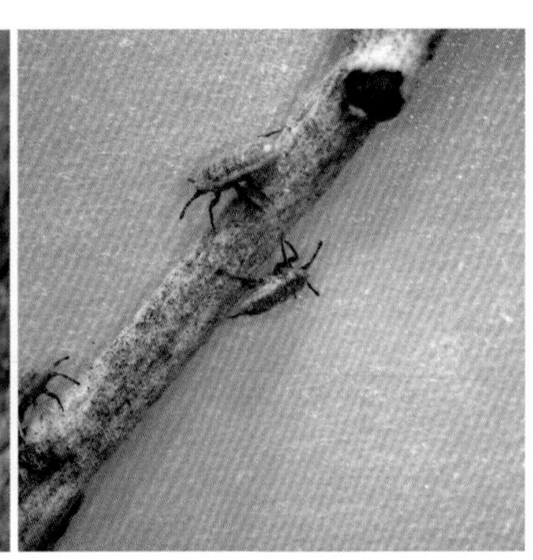

日本履绵蚧若虫

日本履绵蚧若虫上树

旱柳受害状

日本履绵蚧雄成虫

缠胶带阻隔越冬若虫上树

（4）低龄若虫期，可喷洒3%的高渗苯氧威乳油1000倍液、10%吡虫啉可湿性粉剂2000倍液或5°Bé石硫合剂进行药剂防治。

山西品粉蚧

Peliococcus shanxiensis (Wu, 1999)

同翅目 粉蚧科

【寄主植物】金叶女贞、紫叶小檗、水蜡、黄杨、丁香、菊花等多种植物。

【形态特征】雌成虫体长2～3mm，椭圆形，少数宽卵形，粉红或绿色，体外覆盖白色蜡粉，常显露体节；触角9节，第2节最长，第3、9节次之，第8节最短；胸足爪下有小齿1个；体缘周有白色细棒状短蜡丝18对，呈辐射状伸出，长度从头端向后端渐长，腹末最后1对蜡丝短，仅稍长于其他蜡丝；背裂2对，有大型腹裂1个；体背为大管腺1种，多孔腺成群分布于背、腹面，产卵时分泌棉絮状卵囊；腹面无硬化板，臀瓣突出。雄体细长，长约1.2mm；触角10节；胸足3对，翅1对，发达。若虫体椭圆形，蜡质覆盖物较少；初孵体淡黄色，后黄褐色。卵椭圆形，淡黄至黄色。

【生物学特性】呼市1年发生3代，以卵及若蚜在枝干及卷叶内越冬。产卵于缀叶的叶片正面或枝杈处。卵期约2周，5月卵孵化，初孵若虫在卵囊内活动，2龄或3龄后转移至叶柄、叶梗基部和小枝断处、裂缝

山西品粉蚧

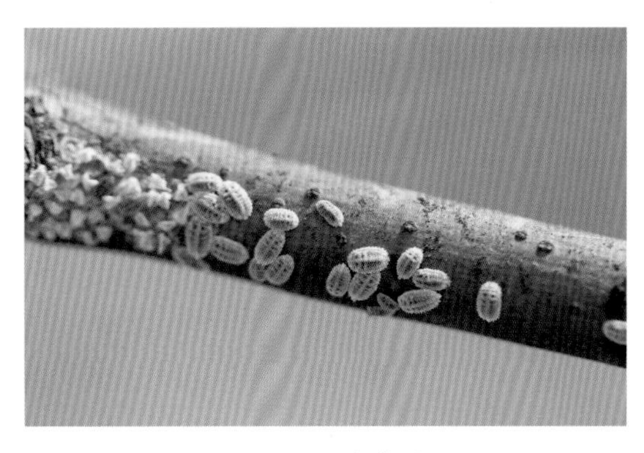

山西品粉蚧成虫

和地下根为害，后在叶上为害，大多为孤雌生殖，9～10月雄成虫出现。以绿篱受害为重。

【防治方法】

（1）加强养护管理，保持通风透光，避免绿篱栽植过宽过密。

（2）冬季剪除虫枝，并喷施5°Bé石硫合剂。

（3）初孵若虫期喷施95%蚧螨灵乳剂400倍液或10%吡虫啉可湿性粉剂2000倍液。

（4）保护和利用天敌。

白蜡绵粉蚧

Phenacoccus fraxinus (Tang,1977)

同翅目　粉蚧科

【寄主植物】白蜡、水蜡等。

【形态特征】雌成虫体长4～6mm、宽2～5mm；紫褐色，椭圆形，腹面平，背面略隆起，分节明显，被白色蜡粉，前、后背孔发达，刺孔群18对，腹脐5个。雄成虫黑褐色，体长2mm左右，翅展4～5mm；前翅透明，1条分叉的翅脉不达翅缘，后翅小棒

白蜡绵粉蚧为害白蜡枝干

白蜡绵粉蚧若虫在白蜡树皮缝内越冬

白蜡绵粉蚧雌成虫及卵囊

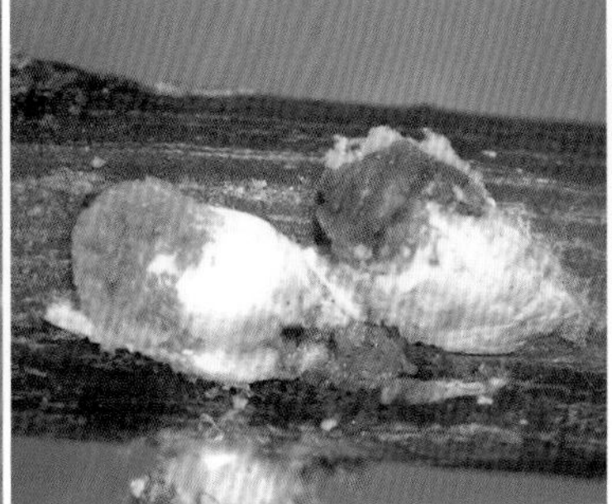
白蜡绵粉蚧雌成虫

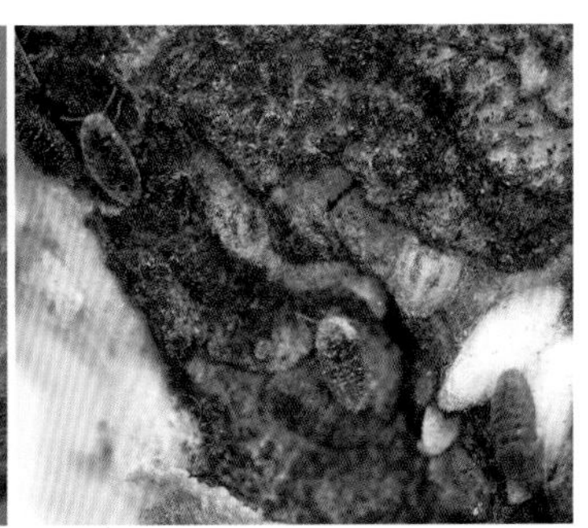
白蜡绵粉蚧越冬若虫

状，腹末圆锥形，具2对白色蜡丝。

【生物学特性】呼市1年发生1代，以若虫在树皮缝、翘皮下、旧蛹茧或卵囊内越冬。翌年3月中旬若虫开始活动取食，3月下旬雌雄分化，雄若虫分泌蜡丝结茧化蛹，4月中旬为盛期，3～5日后雄虫羽化、交尾。4月中旬雌虫开始产卵，4月下旬为盛期，4月底至5月初产卵结束。4月下旬至5月底是若虫孵化期，5月中旬为盛期，若虫为害至9月以后开始越冬。越冬若虫于春季树液流动时开始吸食为害，雄若虫老熟后体表分泌蜡丝结白茧化蛹，成虫羽化后破孔爬出，傍晚常成群围绕树冠盘旋飞翔，觅偶交尾，寿命1～3天。雌虫交尾后在枝干或叶片上分泌白色蜡丝形成卵囊，发生多时树皮上似披上一层白色棉絮。若虫孵化后从卵囊下口爬出，在叶背叶脉两侧固定取食并越夏，秋季落叶前转移到枝干皮缝等隐蔽处越冬。

【防治方法】

（1）秋冬季及时修剪，消灭越冬虫源。

（1）早春喷洒5°Bé石硫合剂。

（3）低龄若虫期喷洒95%蚧螨灵乳油400倍液或吡虫啉可湿性粉剂2000倍液。

杜松皑粉蚧

Crisicoccus juniperus (Tang, 1988)

同翅目　粉蚧科

【寄主植物】松属、落叶松属、油杉属等属植物。

【形态特征】雌成虫体椭圆形，红褐或紫红色，外包白色蜡丝形成的卵囊。

【生物学特性】呼市1年发生2代，以2龄若虫越冬。翌年6月产卵于新梢基部，每头雌成虫产卵300～500粒。7月下旬和9月上旬是若虫为害的两个高峰期，以成虫和若虫密

杜松皑粉蚧成虫

杜松被害状

杜松皑粉蚧为害杜松

集分布在松针上刺吸为害，靠风力进行自然传播。

【防治方法】

（1）冬季向松枝喷洒3～5° Bé石硫合剂，杀灭越冬若虫。

（2）在越冬代若虫活动盛期（5月中旬）喷洒3%高渗苯氧威乳油1000倍液或10%吡虫啉可湿性粉剂2000倍液。

栾树毡蚧

Eriococcus koelreuterius
(Wei et Wu, 2004)

同翅目　毡蚧科

【寄主植物】栾树。

【形态特征】成虫雌体长约2mm，纺锤形；触角7～8节，7节时第4节最长，8节时第3节最长；每腹节每侧背缘刺2根；肛前刺2根，尾瓣内缘锯齿状；背密布短刺和白色蜡丝。雄体长椭圆形，暗红色，污白色翅1对，腹末有白色长尾丝1对。若虫1龄体纺锤形，浅黄色；2龄雌体长椭圆形，红色；2龄雄体纺锤形，暗红色。蛹体长椭圆形，暗红色。

【生物学特性】呼市1年发生1代，以2龄雌若虫、雌成虫、雄蛹（在茧内）在2年生枝条皮缝、芽鳞和树杈处越冬。翌年3月中旬开始活动，3月下旬雌雄成虫开始交尾，4月中旬雌成虫分泌蜡丝形成卵囊，产卵其中，每雌产卵150～815粒。5月中旬孵化，5月下旬为孵化盛期。7月2龄若虫雌雄分化，在2年生枝条上取食，9月末形成茧、蛹。

【防治方法】发生初期向枝干喷施3%高渗苯氧威乳油1000倍液。

栾树毡蚧

白蜡蚧

Ericerus pela (Chavannes, 1848)

同翅目 毡蚧科

【寄主植物】女贞、小叶女贞及白蜡属植物。

【形态特征】雌成虫体受精前背部隆起，受精后虫体显著膨大成半球形，红褐色，体长约1.5mm；活体背面淡红褐色，上有淡黑色斑点。雄成虫体长2mm，触角丝状，10节，黄褐色；前翅近透明，端部有钩3个；腹部灰褐色，倒数第2节两侧有2根白色蜡丝；跗节和胫节的长度略相等；爪具小齿，爪冠毛顶端膨大。雌虫常分散单个生活；雄幼虫则密集成群，固着在寄主枝条上生活，其所分泌的白色蜡质覆盖物极丰富，围绕树枝，似裹败絮。

【生物学特性】呼市1年发生1代，以受精雌成虫在枝条上越冬。翌年4月上旬越冬雌成虫开始活动，4月下旬雌成虫虫体孕卵膨大开始产卵，6月上旬至7月上旬平均气温达18℃，卵开始孵化，雌性比雄性早一

白蜡蚧雄成虫蜡质分泌物

白蜡蚧

白蜡蚧雌成虫

白蜡蚧若虫分泌的蜡丝

周，6月下旬为盛孵期，以成虫、若虫在寄主枝条上刺吸为害，雌若虫固定在枝叶后分泌大量白色蜡质物，覆盖虫体和枝条，严重时，整个枝条呈白色棒状。夏秋连续高温干旱或降雨可引起若虫大量死亡，秋季雨多会导致雌虫死亡率高达80%，对种群发展有较大抑制作用。

【防治方法】

（1）加强检疫，严防外来树木带虫。

（2）在夏季或秋季对树木进行适度修剪，剪除虫口密度较大的枝条。

（3）初冬或早春树木休眠期向树干喷施3～5° Bé石硫合剂，杀灭越冬若虫。

（4）在生长季节雌成虫形成蜡质前，喷施3%高渗苯氧威乳油1000倍液或10%吡虫啉可湿性粉剂1000倍液防治。

（5）保护和利用白蜡蚧花翅跳小蜂、黑缘红瓢虫和螨类等天敌。

日本纽绵蚧

Takahashia japonica (Cockerell, 1869)

同翅目　蚧科

【寄主植物】槐、榆、桑等。

【形态特征】雌成虫体长3～8mm、宽约5mm，卵圆形或长圆形，活体红褐色、深棕色、浅褐色或深褐近黑色，背面隆起刺，具黑褐色脊，不太硬化，缘褶明显；触角短，7节，体缘锥刺密集成1列；气门3根，同形同大，短于缘刺；多格腺分布在腹面。卵为卵圆形，覆白色蜡粉；卵囊较长，白色，棉絮状，质地密实，具纵行细

日本纽绵蚧

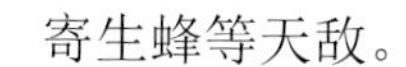

线状沟纹，一端固着在植物体上，另一端固着在虫体腹部，中段悬空呈扭曲状。

【生物学特性】呼市1年发生1代，以受精雌成虫在枝条上越冬。越冬期虫体较小且生长缓慢。3月初开始活动，生长迅速，3月下旬虫体膨大，4月上旬隆起的雌成体开始产卵，出现白色卵囊，平均每头雌成虫可产卵1000粒，最多可达1600多粒。5月上旬末若虫开始孵化，5月中旬进入孵化盛期。卵期为36天左右，孵化的小若虫在植物上四处爬行，数小时后寻觅适合的叶片或枝条固定取食。5月下旬为孵化末期。若虫主要寄生在2～3年生枝条和叶脉上。叶脉上的2龄若虫很快便转移到枝条上寄生。1龄若虫自然死亡率很高，孵化期遇大雨可冲刷掉80%以上若虫。11月下旬至12月上旬进入越冬期。

【防治方法】

（1）于冬季或产卵期剪掉带虫枝，进行集中处理，消灭虫源，防止蔓延，并剪除过密枝条以利通风透光。

（2）保护和利用红点唇瓢虫、草蛉、寄生蜂等天敌。

（3）在若虫孵化盛期喷洒3%高渗苯氧威乳油1000倍液、95%蚧螨灵乳剂400倍液或10%吡虫啉可湿性粉剂2000倍液进行防治。

桦树绵蚧

Pulvinaria vitis (Linnaeus, 1758)

同翅目　蚧科

【寄主植物】杨柳科、桦木科、木犀科、蔷薇科等植物。

【形态特征】雌成虫体长约7mm、宽约5mm，椭圆形；活体灰褐色，背中线色深，腹部中线两侧散布许多非正形黑斑，产卵后死体暗褐或暗黄色，有许多小灰瘤，沿中线为多；触角多为8节，少数9节或7节；气门刺3根，中刺长为侧刺的2倍，中刺基粗于侧刺基；多格腺在中、后足基之后和阴门附近成群，在第2～3腹节腹板上成横列，在第4～6腹节腹板上成横带，体背有圆形亮斑，斑距为斑径的2～3倍；

桦树绵蚧受精雌成虫

桦树绵蚧雌成虫

桦树绵蚧雌蚧及卵囊

桦树绵蚧为害柳树

瓢虫幼虫取食杨树上的桦树绵蚧

大杯状腺在腹面亚缘区成带；体缘毛尖细，排成2列，毛间距离等于或小于毛长。卵橘红色，椭圆形。卵囊近椭圆形，长约8mm、宽约6mm，白色，棉絮状，高突，背中有1纵沟，两侧有许多细直沟纹。茧长椭圆形，两侧近平行。前、后端浑圆，毛玻璃状，分成下列多块：前1、中2、每侧各2。

【生物学特性】呼市1年发生1代，以受精雌成虫在枝干上越冬。翌年5月下旬雌成虫开始分泌白色蜡丝形成卵囊，6月中下旬是产卵盛期，卵孵化后寻找嫩枝或叶片固定为害，发育缓慢，9月下旬虫体爬回枝条，发育为成虫，交配后雄虫死去，雌虫越冬。

桦树绵蚧为害杨树

【防治方法】

（1）合理修剪，增加树体的通风透光程度，减少虫口密度。

（2）保护和利用方柄扁角跳小蜂、红点唇瓢虫和异色瓢虫等天敌。

（3）若虫盛孵期喷洒95%蚧螨灵乳剂400倍液、3%高渗苯氧威乳油1000倍液或10%吡虫啉可湿性粉剂1000倍液。

杨圆蚧

Quadraspidiotus gigas
(Thiem et Gerneck, 1934)

同翅目　盾蚧科

【寄主植物】新疆杨、青杨。

【形态特征】雌成虫体长约2mm，灰色，圆形，壳上轮纹明显；眼、足、触角均退化，口器发达，体壁韧性，臀板呈杏红色，边缘无臀棘。雄成虫体长1～1.5mm，较大，体软，橙黄色，有1根口针，呈深灰

杨圆蚧

色，椭圆形，有轮纹；翅透明，交尾器狭长。卵长0.13mm、宽0.08mm，淡黄色，长椭圆形。初孵若虫近圆形，淡黄色，体扁平，臀板杏黄色。蜕皮后虫体呈杏红色。蛹长形，橙黄色，口器退化，眼明显。

杨树被害状

【生物学特性】呼市1年发生1代，以2龄若虫越冬。翌年4月下旬至5月上旬进入化蛹期，5月下旬至8月中旬为羽化期。越冬的雌若虫在5月中旬开始取食为害，产卵期于5月下旬或6月上旬开始，6月中旬至7月下旬为产卵盛期，多将卵产于介壳的后端，卵期1～2天。6月中旬至8月上旬为孵化盛期，初孵若虫活跃，8月后第一次蜕皮，触角及足退化。主要靠苗木、插条、原木及薪炭材的调运进行远距离传播。

【防治方法】

（1）加强苗木检疫，外地引入苗木时，要严格执行检疫制度。加强栽培管理，增强树势，提高树体的抗虫性。

（2）保护和利用黄胸扑虱蚜小蜂、环斑跳小蜂、红点唇瓢虫和龟纹瓢虫等天敌。

（3）人工刮除受害树干的介壳，喷施95%蚧螨灵乳剂400倍液或10%吡虫啉可湿性粉剂1000倍液。

榆球坚蚧

Eulecanium kostylevi

(Borchsenius, 1955)

同翅目　蚧科

【寄主植物】榆属、杨属、柳属、槐属等植物。

【形态特征】成虫雌体近半球形，体亮黄或橙红色，背中有褐色连续纵带，两侧各有点状细褐带；产卵后死体褐色有光泽，背面光滑多皱，全体变成皱缩的木质化球体，侧部有小凹点，侧下部强凹入。

【生物学特性】呼市1年发生1代，以2龄若虫在枝上越冬。翌年5月越冬若虫开始活动，5月下旬雌成虫开始产卵，6月中旬若虫孵化，若虫和雌成虫集聚在枝干上吸食汁液，被害枝条发育不良，出现流胶，严重时枝条干枯，树势严重衰弱，长期为害会使整株树木死亡。9月进入2龄，10月中下旬转移到枝条上越冬，两性卵生，每头

榆球坚蚧

榆球坚蚧孕卵雌成虫及其寄生状

雌成虫产卵约2000粒。

【防治方法】

（1）早春在寄主植物发芽前，喷施5°Bé石硫合剂，消灭越冬虫体。

（2）保护和利用黑缘红瓢虫、蚜小蜂、姬小蜂、扁角跳小蜂、草蛉等天敌。

（3）若虫活动盛期喷施95%蚧螨灵乳剂400倍液或3%高渗苯氧威乳油1000倍液。

朝鲜毛球蚧

Didesmococcus koreanus

(Borchsenius,1955)

同翅目　蚧科

【寄主植物】桃、李、杏、海棠、苹果等果树。

【形态特征】雌成虫体长约4.5mm，近球

朝鲜毛球蚧雌蚧

形，有两列大的凹点，后面近垂直；产卵前介壳软，黄色至灰褐色，具黑斑，产卵后硬化，红褐至黑褐色，具光泽，表面有极薄的蜡粉；触角6节，第3节最长。雄成虫体长1.5～2.0mm，体头胸赤褐色；腹部黄褐色；翅前缘具增厚的淡红带。卵椭圆形，附有白色蜡粉。初孵若虫长椭圆形，扁平，淡褐至粉红色，被白粉。茧长椭圆形，灰白半透明。

【生物学特征】呼市1年发生1代，以2龄若虫在寄主枝干上裂缝、伤口边缘及粗皮处越冬。翌年3～4月开始活动，4月中下旬开始羽化交配，交配后雌虫迅速膨大。5月中旬前后为产卵盛期，5月下旬至6月上旬为孵化盛期，以若虫和雌成虫集聚在枝干上吸食汁液，被害枝条发育不良，出现流胶，树势严重衰弱，严重时枝条干枯，甚

朝鲜毛球蚧雌蚧孕卵期

瓢虫取食朝鲜毛球蚧若虫

瓢虫蛹及朝鲜毛球蚧

朝鲜毛球蚧雌成虫及分泌物

至整株死亡。10月中旬后以2龄若虫于蜡被下越冬。

【防治方法】

（1）早春在寄主植物发芽前，喷洒5°Bé石硫合剂，杀死越冬虫体。

（2）保护和利用黑缘红瓢虫、蚜小蜂、草蛉等捕食性和寄生性天敌。

（3）喷洒3%的高渗苯氧威乳油1000倍液或10%吡虫啉可湿性粉剂2000倍液。

远东杉苞蚧在云杉上的寄生状

远东杉苞蚧

Physokermes jezoensis (Siraiwa, 1939)

同翅目　蚧科

【寄主植物】云杉。

【形态特征】雌成虫体直径2～3mm，肾形；初期粉红略带黄色，产卵后黄褐色，具光泽；背部高突，背中有条明显纵沟，纵沟向后变浅；头部前端细，背、腹面均硬化，体壁薄，腹面有白色绵状分泌物，触角和足均退化成瘤状，多毛；多格腺分布在腹面中部，五格腺在气门路上，杯状腺在腹面成宽亚缘带，稀疏分布在背面亚缘区。雄成虫体长约1.7mm，棕褐色；触角10节，密覆较长的毛，最末一节有端部膨大的刚毛3根；翅1对；足胫节末端有发达的长刺1根。卵长椭圆形，约长0.44mm，紫褐色，被白色蜡粉。若虫1龄体长椭圆形，长约0.7mm，黄褐色；2龄雌体椭圆形，长约1mm，乳黄或乳白色，背面隆起，腹面两侧分泌白色蜡丝；2龄雄体长椭圆形，长约1.44mm，浅黄色，背中央纵向隆起，出现尾裂。蛹棕褐色。茧长椭圆形，蜡质，毛玻璃状。

远东杉苞蚧雌成虫

【生物学特性】呼市1年发生1代，以2龄若虫在针叶两面越冬。翌年3月下旬越冬若虫开始迁向1～2年生枝条，定居在芽鳞下，5月上中旬雄成虫大量羽化，雌若虫进入成虫期，交配后雌成虫体开始迅速膨大，6月上旬产卵于腹下腔内，每头雌虫产卵500余粒，6月上中旬若虫大量孵化，9月进入2龄，10月下旬开始越冬。1龄和2龄若虫多寄居在针叶为害，雌成虫则数头环集于1～2年生小枝基部。喜阴，多为害8～40年生云杉，分布在树冠下层，虫口密度北向大于南向，叶背大于叶面。

【防治方法】

（1）初冬或早春向树体喷洒3～5°Bé石硫合剂，杀灭越冬虫体。

（2）保护和利用跳小蜂、蚜小蜂、瓢虫等天敌。

（3）若虫活动盛期向干枝喷洒95%蚧螨灵乳剂400倍液或10%吡虫啉可湿性粉剂2000倍液。

日本巢红蚧

Nidularia japonica (Kuwana,1918)

同翅目 红蚧科

【寄主植物】蒙古栎。

【形态特征】雌成虫体长3～4mm，卵圆形，灰褐色，腹末尖细，背隆起，坚硬，各体节有瘤状突4～5个，呈龟甲状，上覆透明蜡层，孕卵后体下缘分泌白色蜡质成卵囊；触角短小，足退化；体缘腺每侧12～13簇，放射状排列；肛环有孔纹，肛毛6根。雄成虫体长0.6～0.8mm，灰褐色，具白色透明翅1对，腹末交尾器锥状，具长蜡丝1对。卵圆形，橘黄色，长约0.5mm。初孵若虫体红褐色，椭圆形，触角、足、臀板

日本巢红蚧寄生蒙古栎干部

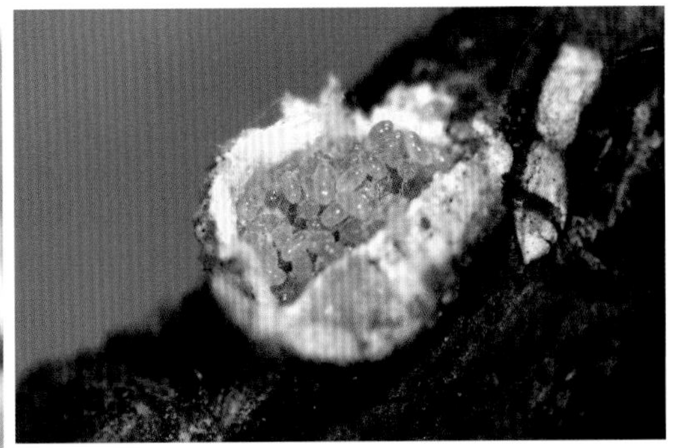

日本巢红蚧卵

日本巢红蚧雌成虫

发达，具尾丝2条。茧白色，椭圆形，长约1mm，绒质，后端有横裂。

【生物学特性】呼市1年发生1代，以受精雌成虫在枝干部越冬。若虫群居在枝干皮缝、伤疤、芽茎和地面萌条上为害。每雌产卵600余粒，5月若虫孵化，若虫3龄，6月成虫羽化，短期后进入滞育期，交尾后越冬。

【防治方法】

（1）加强养护，剪除带虫枝。

（2）植物休眠期喷洒3～5°Bé石硫合剂。

（3）初孵若虫盛期喷洒95%蚧螨灵乳剂400倍液或10%吡虫啉可湿性粉剂2000倍液。

桑白盾蚧

Pseudaulacaspis pentagona

(Targioni Tozzetti,1886)

同翅目　盾蚧科

【寄主植物】桃、桑、槐、李、杏、杨、柳、榆、丁香、皂荚、槭、连翘等。

【形态特征】雌成虫介壳直径2.0～2.5mm，近圆形或椭圆形，白、黄白或灰白色，隆起，壳点2个，偏边，不突出介壳外，第一壳点淡黄色，有时突出介壳外，第二壳红棕至橘红色；腹壳薄，白色。雄成虫介壳长形，长约1mm，白色，溶蜡状，两侧平行，背面略现纵脊3条；壳点1个，黄色，位于前端。虫体橙黄色，长约0.8mm，翅展1.6mm。

【生物学特性】呼市1年发生2代，以受精雌成虫在枝干上越冬。4月份树木萌动开始吸食为害，虫体迅速膨大。4月末至5月初为越冬成虫产卵盛期，群集固着在枝干刺吸汁液。危害严重时植株上介壳密集重叠，受害植株一般上部枝叶开始萎缩、变黄、干枯，进而导致全株死亡。

【防治方法】

（1）在春季树木发芽前，用硬毛刷刷去枝干上越冬的雌成虫，并结合修剪剪去带病虫枝。

（2）保护和利用瓢虫、草蛉、蚜小蜂等天敌。

（3）若虫盛发期喷10%吡虫啉可湿性

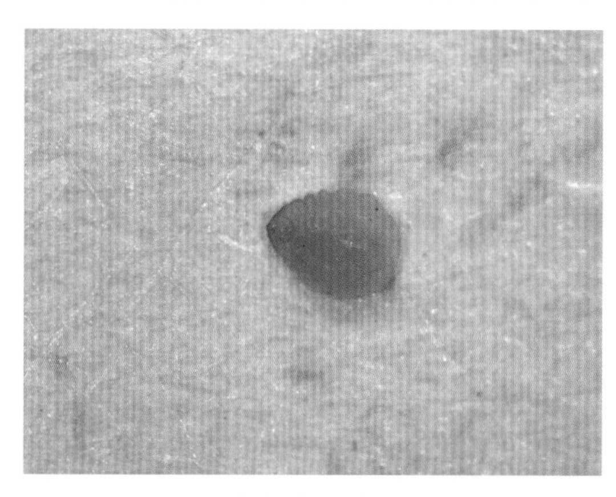

桑白盾蚧雌蚧

桑白盾蚧雄蚧

桑白盾蚧雄成虫介壳

桑白盾蚧为害山桃稠李

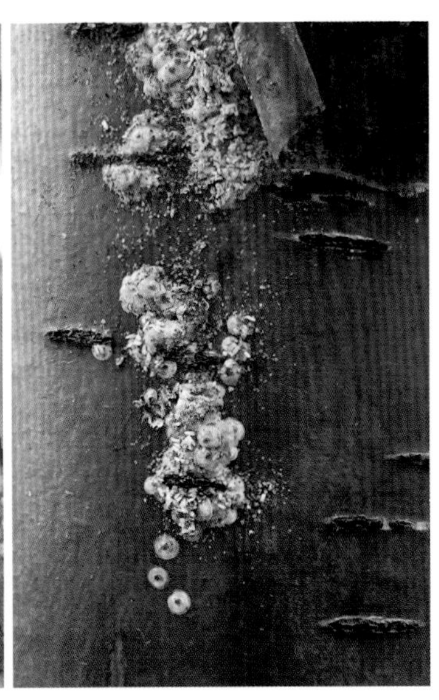
桑白盾蚧寄生山桃稠李

粉剂2000倍液或95%蚧螨灵400倍液，严重地段应进行2次喷药，间隔10天。

卫矛尖盾蚧

Unaspis euonymi (Comstock,1881)

同翅目 盾蚧科

【寄主植物】卫矛、大叶黄杨、丁香、女贞等。

【形态特征】雌成虫介壳长1.8～2mm，褐色至紫褐色，前端尖，后端宽，常弯曲，背面无纵脊，前端具2个蜕皮，黄色。虫体宽纺锤形，长约1.4mm，橙黄色，体前部膜质；臀叶3对，中叶大而突，端部略叉开，内缘略长于外缘，有细锯齿，第2叶和第3叶相仿，均双分，呈球状突出；背腺稍小于缘腺；第1～2腹节之腹面有腺瘤，中胸至第1腹节腹面侧缘各有小管腺1群；缘腺7对；板缘刺成双排列。雄成虫介壳长条形，长约1mm，白色，背面有纵脊3条；一端具1黄色壳点。

【生物学特性】呼市1年发生3代，以受精雌成虫越冬。若虫孵化盛期为6月中下旬和7月中下旬。每雌产卵约50粒。第1代发育较整齐，第2代发育极不整齐，各虫态重叠现象严重，受害枝叶以内层隐蔽处小枝为重。

卫矛尖盾蚧雄成虫介壳

卫矛尖盾蚧为害卫矛

【防治方法】

（1）早春季节加强养护管理，剪除带虫枝条。

（2）保护和利用瓢虫、蚜小蜂、草蛉等捕食性和寄生性天敌。

（3）若虫孵化盛期喷洒95%蚧螨灵乳剂400倍液或10%吡虫啉可湿性粉剂2000倍液。

柳蛎盾蚧

Lepidosaphes salicina
(Borchsenius,1958)

同翅目　盾蚧科

【寄主植物】杨、柳、榆等。

【形态特征】雌成虫牡蛎形，长3.2～4.3mm，栗褐色，前端尖，后端渐宽，体表粗糙，有鳞片状横向轮纹；腹壳完全，平而黄白色，近末端处分裂成"八"形；壳点2个，淡褐色，突出于前端。雄成虫介壳长1.2mm，虫体瘦长，淡紫色，头小，触角10节，念珠状；中胸黄褐色，盾片五角形；翅1对，腹末交尾器狭长。卵椭圆形，黄白色。

【生物学特性】呼市1年发生1代，以卵在雌成虫介壳内越冬。翌年5月上旬越冬卵开始孵化，6月初为孵化盛期，刺吸枝干汁液，导致枝干干枯卷缩，削弱树势甚至致树死亡。成虫8月初开始交尾产卵，卵期长达290～300天。

【防治方法】

（1）在春季树木发芽前，用硬毛刷刷去枝干上越冬的雌成虫蚧壳，并涂刷5°Bé

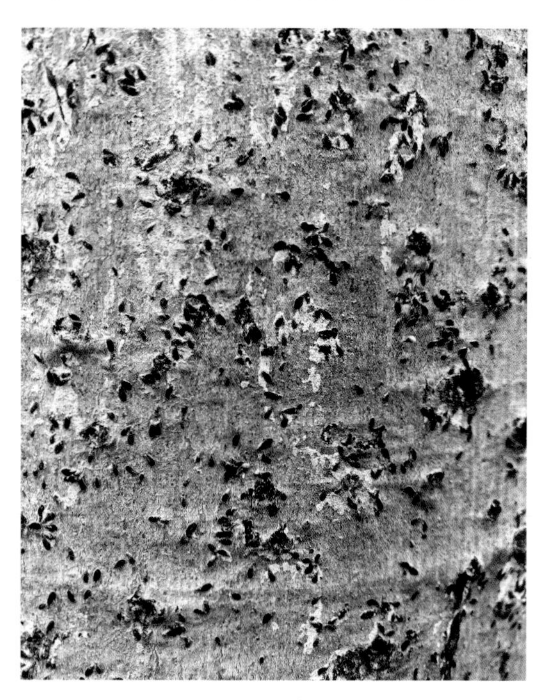

柳蛎盾蚧为害新疆杨

柳蛎盾蚧为害枝干

柳蛎盾蚧

石硫合剂。

（2）保护和利用蚜小蜂、草蛉等天敌。

（3）在若虫期喷10%吡虫啉可湿性粉剂2000倍液或3%高渗苯氧威乳油1000倍液，严重地段应进行2次喷药，间隔10天。

丁香饰棍蓟马

Dendrothrips ornatus

(Jablonowsky，1836）

缨翅目　蓟马科

【寄主植物】丁香。

【形态特征】成虫雌体长约1mm，黑褐色，前胸和腹节间白色；翅淡黄褐色，翅缘有长毛，翅基、中、端部有黑褐斑4个。雄体长约0.5mm，黄色，翅黑褐色，上有白斑3个。卵肾形，略向一侧弯曲，长约0.2mm，白色透明。若虫初孵时体乳白色，后淡绿色，眼红色。蛹体黄白色，具翅芽4个。

【生物学特性】呼市1年6～7代，后3代世代重叠，以雌成虫在表土和落叶中越冬。翌年3月末至4月初（丁香萌动、叶苞膨大时）出蛰，5月中下旬产卵于叶肉内，6月上旬孵化；若虫4龄，4龄若虫为害严重，先集中在丁香树下部的绿色芽苞上取食，随气温升高逐渐扩散到顶部和外围花苞、叶片上为害，叶色失绿变白，质地变脆，叶片枯焦。干旱季节发生严重，雨季危害减轻。

【防治方法】

（1）早春灌水、翻地或在丁香萌动

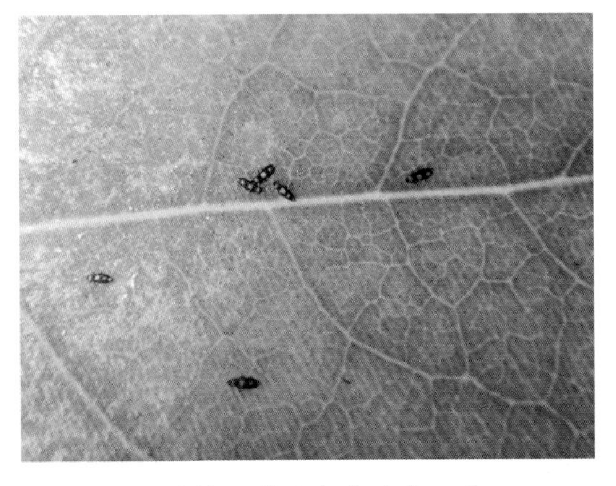

丁香饰棍蓟马成虫为害丁香

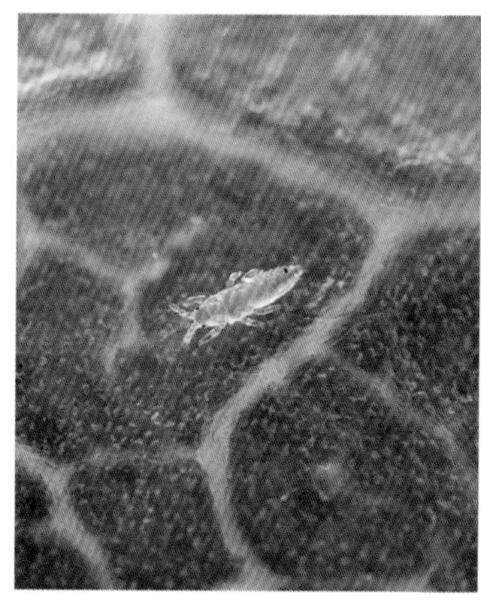

丁香饰棍蓟马若虫

丁香饰棍蓟马成虫

丁香叶片受害状

前向土中浇10%吡虫啉可湿性粉剂2000倍液，消灭越冬成虫。

（2）越冬代产卵前向叶面喷洒3%高渗苯氧威乳油1000倍液。

（3）保护和利用天敌。

（4）在5～6月和8～9月喷洒10%吡虫啉可湿性粉剂2000倍液。

山楂叶螨

Tetranychus viennensis (Zacher,1920)

蜱螨目　叶螨科

【寄主植物】榆叶梅、山楂、海棠、山桃等。

【形态特征】雌成螨有冬、夏两型。冬型朱红色有光泽。夏型紫红或褐色。雄体纺锤形，体浅黄绿色至浅橙黄色。若螨为黄绿色，两侧有明显黑绿色斑纹，足4对。卵圆形，浅黄色至橙黄色。

【生物学特性】呼市1年发生7～8代，以受精雌成螨在树体缝隙及干基部附近土缝间、枯草或落叶层下越冬。翌年4月越冬螨开始活动，成、若、幼螨刺吸芽、叶、果

山楂叶螨若螨和卵

榆叶梅叶片正面被害状

山楂叶片被害状

榆叶梅叶背被害状

的汁液，叶片受害初期呈现很多褪绿小斑点，逐渐扩大成片，7～8月是全年危害盛期，严重时全叶苍白、焦枯早落，常造成二次发芽开花，削弱树势。9月下旬出现越冬型雌螨，11月开始越冬。

【防治方法】

（1）加强养护管理，如翻耕、浇水，破坏雌螨越冬环境。

（2）保护和利用食螨瓢虫、食虫盲蝽等天敌。

（3）严重发生时可喷洒1%阿维菌素1500～3000倍液或15%哒螨灵乳油3000倍液，注意杀螨剂的交替使用。

朱砂叶螨

Tetranychus urticae (Koch, 1836)

蜱螨目　叶螨科

【寄主植物】杨、柳、槐、栾树、槭树、梓树、臭椿、丁香、海棠、木槿、芍药、牡丹、月季、大丽花、万寿菊等多种植物。

【形态特征】雌成螨体长约0.5mm，体椭圆形，体色可呈红、黄绿、黑色，螨体两侧有长方形纵行块状斑纹，背毛光滑，刚毛状，不着生在疣突上，背毛6列，共24根。雄成螨体长约0.3mm，菱形，体色黄绿或橙黄色；背毛7列，共26根。卵球形。幼螨体近圆形，浅黄或黄绿色，足3对。若螨体形和成螨相似，淡褐红色，足4对。

【生物学特性】呼市1年发生10余代，以受精雌成螨在土缝、树皮裂缝等处越冬。翌

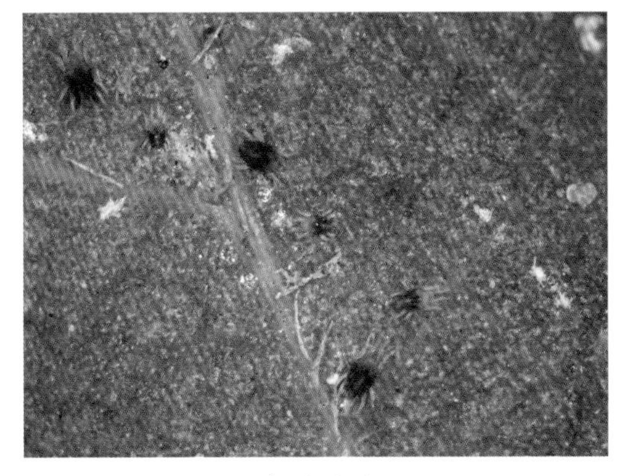

朱砂叶螨

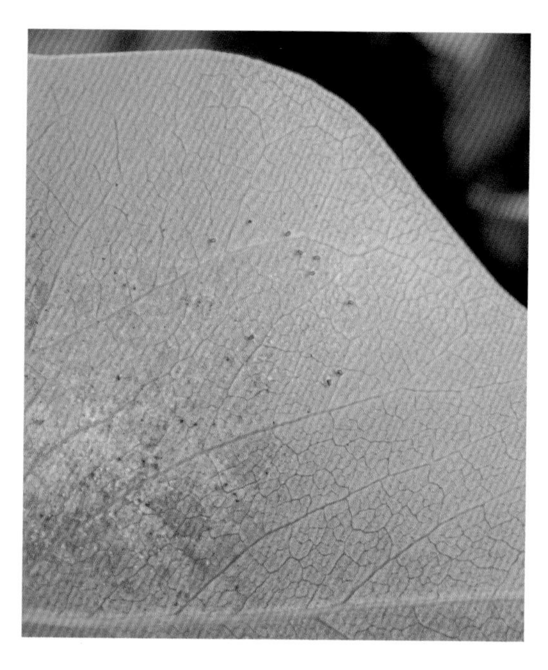

朱砂叶螨于丁香叶背群集为害

年春季开始为害与繁殖，吐丝拉网，产卵于叶背主脉两侧或蛛丝网下面。每雌螨平均产卵50～150粒，雌螨寿命约30天。5月上中旬第1代幼螨孵出。7～8月高温少雨时繁殖迅速，约10天繁殖1代。危害猖獗，易暴发成灾，致植株出现大量落叶。高温、干热、通风差有利于繁殖和危害，10月越冬。

【防治方法】

（1）及时清除枯枝落叶和杂草，减少螨源。

（2）早春花木发芽前喷施3～5°Bé石硫合剂，消灭越冬螨体，兼治其他越冬虫卵。

（3）害虫发生期喷施1%阿维菌素1500～3000倍液或15%哒螨灵乳油3000倍液。

（4）保护和利用瓢虫、蝽、蓟马等天敌。

针叶小爪螨

Oligonychus ununguis (Jacobi, 1905)

蜱螨目　叶螨科

【寄主植物】油松、云杉、樟子松等。

【形态特征】雌螨体椭圆形，背部隆起，具绒毛，末端尖细；腹基侧具5对针状毛；各足爪间突呈爪状。夏型成螨前足体浅绿褐色，后半体深绿褐色；产冬卵的雌成螨红褐色。雄成螨体长0.33mm，体瘦小，绿褐色；背毛刚毛状，具绒毛，不着生在疣突上。卵圆球形，初产卵为淡黄色，后变紫红色；半透明，有光泽。

【生物学特性】呼市1年发生4～9代，以紫红色越冬卵在寄主的针叶、叶柄、叶痕、小枝条以及粗皮缝隙等处越冬，极少数以雌螨在树缝或土块内越冬。翌年当气温上升到10℃以上时，越冬卵就开始孵化，危害期主要集中在5～8月，6～7月是每年发生的高峰期，也是防治的关键时期。该螨喜在叶面取食和繁殖，量大时也在叶背为害。繁殖方式主要是两性生殖，其次是孤

针叶小爪螨为害云杉（针叶失绿）

雌生殖。若螨和成螨都有吐丝习性。

【防治方法】

（1）保护和利用草蛉、捕食螨和食螨瓢虫等天敌。

（2）螨虫发生数量小时可用高压喷雾器喷清水进行控制；发生数量大时可喷施1%阿维菌素1500～3000倍液或15%哒螨灵乳油3000倍液，可达到良好效果。

呢柳刺皮瘿螨

Aculops niphocladae (Keifer,1966)

蜱螨目　叶螨科

【寄主植物】柳树。

【形态特征】雌成螨体长0.18～0.2mm，纺锤形略平，前圆后细，棕黄色；足2对，基节不光滑，具短条饰纹；背盾板有前叶突，背纵线虚线状，构成非独立室；背环不光滑，具圆锥状微突；尾端有短毛2根。

【生物学特性】呼市1年发生数代，以成螨在芽鳞间或皮缝中越冬。主动扩散能力差，借风、昆虫和人为活动等传播。4月下旬至5月上旬活动为害，受害叶片表面产生组织增生，形成珠状虫瘿，每个虫瘿在叶背只有1个开口，螨体经此口转移到新叶上为害，形成新的虫瘿，被害叶片上常有数十个虫瘿，群集危害。随着气温升高，繁殖加速，为害加重，雨季螨量下降。

【防治方法】

（1）柳树发芽前喷施3～5°Bé石硫合剂，消灭越冬螨，兼治蚜虫。

呢柳刺皮瘿螨为害柳树叶片

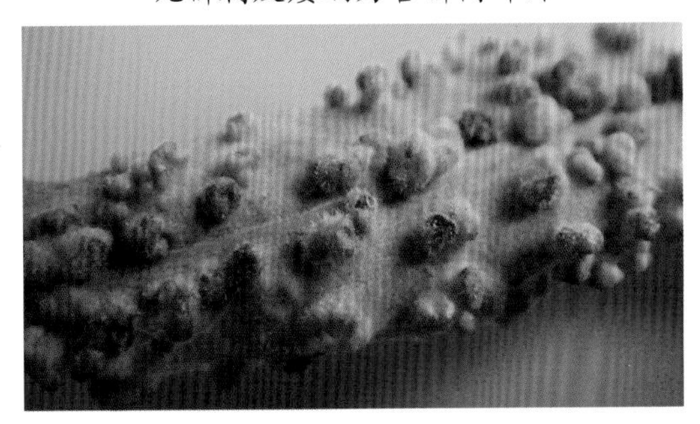

呢柳刺皮瘿螨

（2）螨体为害盛期喷施15%哒螨灵乳油3000倍液或1%阿维菌素1500～3000倍液，每周1次，连续3次。

枸杞金氏瘤瘿螨

Aceria tjyingi (Manson,1972)

蜱螨目　瘿螨科

【寄主植物】枸杞。

【形态特征】雌成螨体长约0.17mm，蠕虫形，淡黄白色；体背、腹环均具圆形微瘤，背瘤位于盾板后缘，背瘤间由粒点构成弧状纹；前胫节刚毛生于背基部1/4处；羽状爪单一，爪端球不显。

【生物学特性】呼市1年发生数代，营非自

枸杞金氏瘤瘿螨为害枸杞叶片

由生活，被害枸杞叶产生虫瘿。

【防治方法】

（1）保护和利用天敌昆虫。

（2）在展叶初期进行防治，向叶面喷施1%阿维菌素1500～3000倍液或15%哒螨灵乳油3000倍液。

毛白杨皱叶瘿螨

Aceria dispar (Nalepa,1891)

蜱螨目　瘿螨科

【寄主植物】杨树。

【形态特征】雌成螨体长圆筒形，柔软，橘黄色，有光泽；腹面有80个作用环节，环节间有成排的微瘤，腹面两侧具刚毛4对，体末端有一段无环节；背部盾板有6条纵皱纹，盾板两侧有1对较粗刚毛，螯肢针状；足两对。卵近球形，白色透明。若螨前体段橘黄色，后体段透明，有生殖板，横向，月牙形，有8条纵纹。

【生物学特性】呼市1年发生5代，以卵在受害芽内越冬。翌年4月孵化，4月下旬出现大量成螨，受害芽形成瘿球，又叫毛白杨皱叶病，严重影响树木正常生长和绿化美化效果。5月上旬卷叶内出现第一代卵，6月下旬至7月上旬雨后大量瘿球落地，瘿球内未转移的活螨随球干枯而死亡。钻入冬芽的螨存活下来，越冬后继续为害。

【防治方法】

（1）加强检疫，发现病株及时处理，防止瘿螨扩大蔓延。

（2）4月中下旬瘿螨未转移到冬芽前，人工及时剪除瘿球。

（3）保护和利用天敌昆虫。

（4）发生严重时喷施1%阿维菌素1500～3000倍液或15%哒螨灵乳油3000倍液。

毛白杨皱叶瘿螨

毛白杨皱叶瘿螨危害状

二、食叶害虫

中华剑角蝗

Acrida cinerea (Thunberg,1815)

直翅目　蝗科

【寄主植物】禾本科杂草。

【形态特征】雄虫体长31～47mm，雌虫体长58～81mm，体绿色或褐色；体中大型，细长，头部较长，长圆锥形，明显长于前胸背板。头顶突出，顶圆。触角长，剑状。复眼长卵形；前胸背板中隆线和侧隆线均明显，侧隆线平行或弧形弯曲，后缘中央呈角形突出；前翅狭长，超过后足股节的顶端，顶尖；后足股节细长，上下膝侧片的顶端尖锐。雄性下生殖板长锥形，顶尖。雌性下生殖板后缘具3个突起。

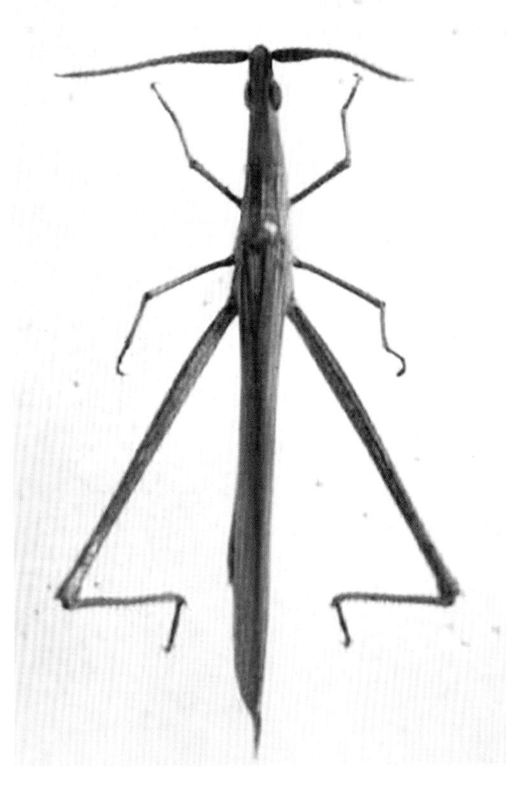

中华剑角蝗

【生物学特性】呼市1年发生1代，以卵在土中越冬。翌年5～6月卵孵化，若虫群集在叶片上为害，初孵幼虫在叶片表层啃食叶肉，留下表皮，2龄幼虫可以造成叶片缺刻和孔洞现象，严重时在短时间内将叶片食光，仅留叶柄，影响植株生长发育。

【防治方法】

（1）少量发生时，可于早晨人工捕杀。

（2）发生严重时喷洒1.2%烟碱・苦参碱乳油1000倍液或20%菊杀乳油2000倍液防治。

柳虫瘿叶蜂

Pontania pustulator (Forsius,1923)

膜翅目　叶蜂科

【寄主植物】垂柳、旱柳、龙须柳等。

【形态特征】成虫体长5.5～7.0mm；体黄褐色，头顶具黑色大斑，后头黑色；触角基2节黑色，鞭节基几节背面黑褐色，端几节褐色，腹面均褐色；中胸盾片中央有矩形黑斑，两侧后各具1近棱形黑斑，后方有1对三角形黑斑；小盾片后端常有1块小黑斑；腹部背板第1～7节黑色（黑斑可缩小）；中胸腹部有2大黑斑；锯鞘黑色，背面观上部仅在端部有长毛，下半部整个锯鞘具长毛。

【生物学特性】呼市1年发生1代，每年4月下旬至5月上旬成虫羽化，羽化后几小时即可进行孤雌生殖。产卵于柳叶组织内，一处产卵1～3粒。初孵化幼虫啃食叶肉，受害部位逐渐肿起，最后形成瘤状虫瘿。虫瘿近似于蚕豆形，表面散生小颗粒，由绿色逐渐变为黄褐色、红褐色或紫红色，虫瘿以叶背面中脉上为多，严重时虫瘿成串。带虫瘿叶片易变黄提早落叶，影响植株生长。秋后幼虫随落叶或脱离虫瘿入土结薄茧越冬。

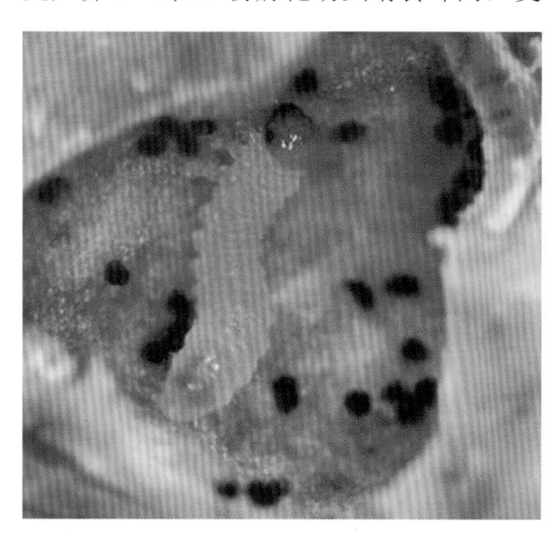

柳虫瘿叶蜂幼虫

柳虫瘿叶蜂虫瘿

【防治方法】

（1）结合修剪人工摘除带虫瘿叶片或秋后清理落地虫瘿，并销毁。

（2）保护利用啮小蜂、宽唇姬蜂等天敌昆虫。

（3）在成虫羽化产卵高峰期，可用3%高效氯氰菊酯微囊悬浮液1000倍液对树冠均匀喷施，杀死成虫。

北京杨锉叶蜂

Pristiphora beijingensis

(Zhou et Zhang,1993)

膜翅目　叶蜂科

【寄主植物】杨。

【形态特征】成虫雌体长5.8～7.6mm，头、胸、体背黑色，腹面淡黄褐色，唇基具黄褐色翅痣，中央淡黄色，前胸背板两侧、翅基片淡黄褐色，中胸侧板前缘稍具褐色；翅上密生淡褐色细毛。

【生物学特性】呼市一年发生约8代，以老龄幼虫结茧在土内越冬，林间以个体群集分布。孤雌生殖后代为雌性，两性生殖后

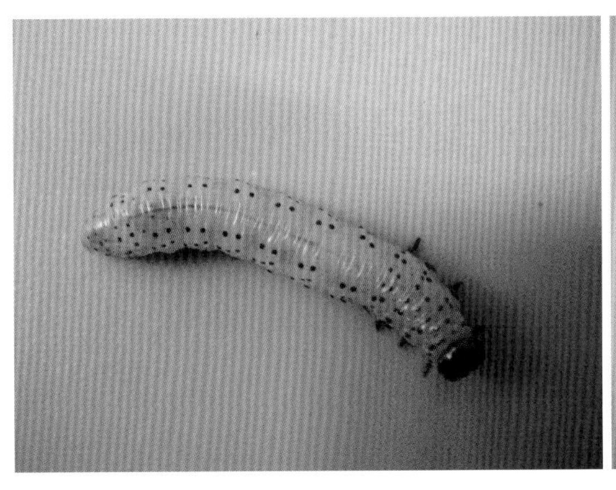
北京杨锉叶蜂幼虫

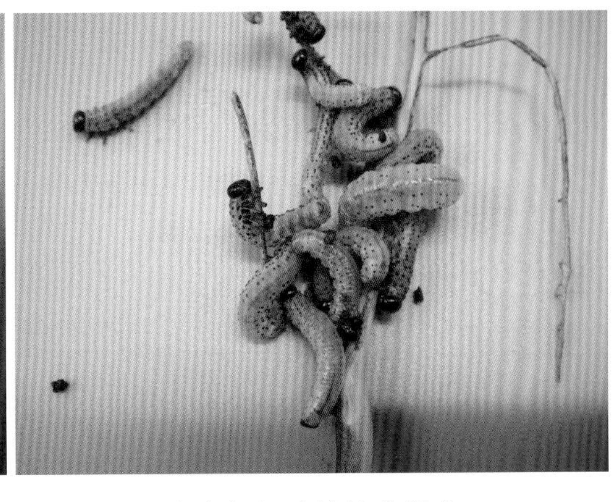
北京杨锉叶蜂幼虫聚集

北京杨锉叶蜂幼虫危害状

代为雌或雄性。雄性4龄，雌性5龄。温度是种群变化的决定因素。

【防治方法】

（1）人工摘除带虫叶。

（2）幼虫期喷洒10%吡虫啉可湿性粉剂2000倍液或3%高渗苯氧威乳油3000倍液。

柳蜷叶丝角叶蜂

Phyllocolpa sp.

膜翅目 叶蜂科

【寄主植物】旱柳、垂柳、红柳等柳属植物。

【形态特征】雌成虫体长4.5～5.5mm、宽约1.5mm，黑色，翅透明，头、胸部被金黄色小毛。雄成虫黑色，后足跗节端部深褐色。卵长梭形，乳白色或灰白色。初孵幼虫头黑褐色，体乳白色，老熟幼虫头青绿色，体藏红色。茧长椭圆形，褐色，丝质。蛹为青灰白色，触角及足透明。

【生物学特性】呼市1年发生1代，以老熟幼虫在土壤1～5cm的表土内结茧越冬。翌年3月上旬越冬幼虫开始化蛹，3月中旬至4月为成虫羽化期，产卵后3月下旬开始孵化，4月下旬在柳芽处可见虫苞产生，幼虫在虫苞内取食为害。幼虫食柳芽及芽尖内

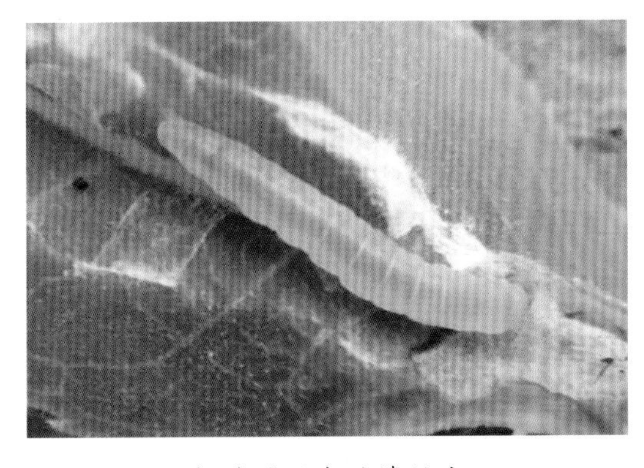
柳蜷叶丝角叶蜂幼虫

柳蜷叶丝角叶蜂危害状

层组织，造成其外层叶片弯曲变形形成虫苞。待幼虫老熟后陆续从虫苞内出来钻入表土层。

【防治方法】

（1）及时清理树盘下的枯枝落叶并深翻土壤。

（2）保护和利用突角卷唇姬蜂、步甲、蜘蛛等天敌。

（3）幼虫发生期喷洒1.8%阿维菌素乳油2000倍液、3%高渗苯氧威乳油3000倍液或30%噻虫胺悬浮剂2000倍液防治。

榆红胸三节叶蜂

Arge captiva (Smith,1874)

膜翅目　三节叶蜂科

【寄主植物】榆科植物。

【形态特征】成虫雌体8.5～11.5mm，翅展16.5～24.5mm。雄体较小，体蓝黑色，具金属光泽。头部蓝黑色，唇基上区具明显的中脊；触角黑色、圆筒形，3节，其长度大约等于头部和胸部之和；胸部与小盾片橘红色，小盾片有时蓝黑色；翅浓烟褐色，半透明；足全部蓝黑色。卵椭圆形，长1.5～2mm，初产时淡绿色，近孵化时黑色。幼虫老熟体长21～26mm，淡黄绿色，头部黑褐色。虫体各节具有横列的褐色肉瘤3排，体两侧近基部各具褐色大肉瘤1个，臀板黑色。蛹雌体长8.5～12mm，雄体较小，淡黄绿色。

【生物学特性】呼市1年发生2代，以老熟幼虫在4～5cm深土中结丝质茧越冬。翌年5月中下旬开始化蛹，6月上旬开始羽化产卵，卵产于嫩叶叶缘上、下表皮间，1个叶产卵几粒至30余粒。每雌产卵最多可达60余粒。6月中下旬幼虫孵化，幼虫共5龄，历时约15天。幼虫取食多种榆科植物的叶片，特别是绿篱榆树或幼树，初孵幼虫食量较小，随着虫龄增大，昼夜在垂榆叶片上取食为害，枝下部叶片吃光后再转移至中上部，严重时几天就可把叶片全部吃光，影响园林绿化效果和园林景观。为害至7月上旬陆续老熟，8月出现第2代幼虫，8月下旬入土结茧越冬。

榆红胸三节叶蜂

【防治方法】

（1）利用幼虫的假死性、群集性等特点，在早晚时间进行人工捕杀。

（2）保护和利用异色瓢虫、螳螂等天敌。

（3）幼虫群集取食叶片严重时，可喷施1.2%的烟碱·苦参碱乳油1000倍液或3%高效氯氰菊酯1000倍液，均可有效防治。

拟蔷薇切叶蜂为害水蜡

拟蔷薇切叶蜂

Megachil subtranguilla

(Yasumatsu,1938)

双翅目　大蚊科

【寄主植物】以蔷薇科植物为主，也常为害丁香、连翘、杨、槐、水蜡、白蜡等。

【形态特征】雌成虫体长13～14mm、宽5～6mm，体黑色，被黄色毛；头宽于长，颚4齿，第3齿宽大呈刀片状；腹部有黄色毛带，腹毛刷为褐黄、黑褐色，第2、3腹节具横沟，沟前刻点密，后部平滑；翅透明。雄虫体长11～12mm，宽5～5.5m；头胸及第1腹节背板密被黄色长毛；前足基节具尖突；第2腹节背板具浅黄色宽毛带，第4～6腹节背板具黑稀短毛。卵长卵形，乳白色。幼虫体呈"C"形，淡褐黄色，体多皱纹。蛹体褐色。茧近圆筒形。

【生物学特性】呼市1年发生1代，以老熟幼虫在潮湿的洞穴、墙缝中结茧越冬。翌年6月中下旬化蛹。成虫切叶边缘整齐，圆形或椭圆形，造成叶残花疏，影响观赏。6

拟蔷薇切叶蜂为害丁香

月末至8月中旬为成虫羽化期，7月为羽化盛期。在寄主植物附近的菜窖、旱井、潮湿的墙缝内以切来的叶片做巢，巢穴首尾相接可数个相连。每巢内备有花粉、蜂蜜等蜂粮，内产卵一粒，后用叶片将巢封闭。

【防治方法】

（1）人工捣毁卵巢，巢穴多在距离寄主植物200m内，在羽化前将其捣毁或封闭。

（2）成虫盛发期以网捕捉，减少虫源。

（3）注意保护和利用尖腹蜂、步甲、

壁虎等天敌。

（4）严重发生时可喷施1.2%烟碱·苦参碱乳油1000倍液防治。

黄斑大蚊

Nephrotoma scalaris terminalis (Wiedemann,1830)

双翅目　大蚊科

【寄主植物】花卉植物。

【形态特征】成虫体黄色，头上有黑色中纵带；中胸背板有“V”形沟，上具暗褐色宽纵带；足和前翅黄色，近翅顶具痣。幼虫老熟体浅褐色，头黑色。蛹体离蛹，腹部各节背、腹板后缘生有1排刺。

黄斑大蚊成虫

黄斑大蚊成虫为害云杉

【生物学特性】呼市1年发生2代，以老熟幼虫在土中越冬。翌年5月化蛹、羽化，6月为产卵盛期。7～8月为幼虫为害期，幼虫为害花卉植物，被害叶片表面可见白色不规则的潜痕，为害严重时叶片褪绿发黄。9月成虫产卵，10月以老熟幼虫越冬。

【防治方法】

（1）冬季深翻土壤，消灭越冬幼虫。

（2）人工捕杀成虫。

（3）严重危害时可喷洒3.6%烟碱·苦参碱微囊悬浮剂1000倍液。

绿芫菁

Lytta caraganae (Pallas,1781)

鞘翅目　芫菁科

【寄主植物】槐、刺槐、紫穗槐、锦鸡儿、荆条、柳、梨等。

【形态特征】成虫蓝绿色，鞘翅绿色，有金属光泽；体背光亮无毛。头部三角形，有稀疏刻点，额中央有1个橙红色斑；触角黑色，是体长的1/3，念珠状；前胸背板宽大于长，有稀疏细刻点，背中沟明显，后缘略波状；鞘翅具细小刻点和皱纹；体腹及足均被短毛。幼虫复变态，形态多变。

【生物学特性】呼市1年发生1代，以假蛹在土中越冬。翌年蜕皮化蛹，5～9月为成虫为害期，成虫早晨群集在枝梢上食叶为害，严重时把叶片吃光，有假死性，受惊时足部分泌对人体有毒的黄色液体。

绿芫菁成虫交尾

绿芫菁成虫

【防治方法】

（1）清晨人工捕捉成虫。

（2）发生严重时喷施3%高渗苯氧威乳油2000倍液。

苹斑芫菁

Mylabris calida (Pallas)

鞘翅目　芫菁科

【寄主植物】牧草、豌豆、苦豆子、枸杞、马蔺及十字花科植物。

【形态特征】成虫体长11～23mm、宽3.6～7.0mm，体黑色，被黑色竖立长毛；触角末端与节膨大成棒状；鞘翅淡黄到棕黄色，具黑斑；基部约1/4处有1对黑色圆斑，中部和端部1/4处各有1个横斑，有时端部横斑分裂为2个斑。

【生物学特性】呼市1年发生1代，以幼虫在土中越冬。翌年5月中旬羽化，7月中旬为盛发期，取食花器、幼荚和幼嫩枝叶，可使被害作物无收成。成虫有二次交尾现象，交尾后一周产卵于杂草、地表10cm之

苹斑芫菁成虫

苹斑芫菁成虫取食草花

间，成虫产卵后，群居性很强，一般几十只到上百只，并远距离飞翔为害。成虫有假死性，无趋光、趋化现象。

【防治方法】

（1）利用成虫假死性，人工捕杀成虫。

（2）成虫期发生严重时可喷洒3%高渗苯氧威乳油3000倍液。

中华芫菁

Epicauta chinensis (Laporte,1840)

鞘翅目　芫菁科

【寄主植物】槐、刺槐、紫穗槐、苜蓿等。

【形态特征】成虫体长15～25mm，黑色，被细短毛，头部略三角形，密生刻点，头后方两侧红色，额中央有1块红斑；触角除第1、2节为红色外，其余均为黑色，雄虫触角栉齿状，雌虫触角丝状；雌体鞘翅外缘和末端及腹面均被灰白毛；前胸背板中央有白色纵纹1条；鞘翅外缘、末端、中缝及体腹均被灰白色毛。幼虫形态多样，复变态；1龄幼虫活泼，胸足发达；2龄幼虫胸足退化，体壁柔软，为蝎形；越冬虫体体壁坚硬变暗，胸足退化，成“假蛹”；春季又成活动蝎形体。

【生物学特性】呼市1年发生1代，以“假蛹”在土中越冬。翌年春季化蛹，5～8月为成虫期，上午和下午活动取食，中午多在叶下或草丛中栖息，成虫常群聚为害嫩叶、心叶和花。成虫遇惊常迅速逃避或落地藏匿，并从腿节末端分泌含芫菁素的黄色液体，触及皮肤可导致红肿起泡。成虫具有群栖和假死性。成虫产卵于土中。

【防治方法】

（1）人工捕杀成虫。

（2）在严重发生区的成虫期可喷洒3%高渗苯氧威乳油3000倍液。

中华芫菁成虫

中华芫菁成虫啃食叶片

暗头豆芫菁

Epicauta obscurocephala (Reitter,1905)

鞘翅目 芫菁科

【寄主植物】豆科植物。

【形态特征】成虫体长11.5～17mm、宽3～4mm。头、体躯和足黑色，在额的中央有一条红色纵斑纹，头顶中央有一条由灰白色毛组成的纵纹；前胸背板中央和每个鞘翅的中央各有一条由灰白色毛组成的纵纹；背板两侧、沿鞘翅周缘和体腹面都镶有灰白色毛。头三角形，下口式，有细颈；触角较短细，丝状，11节，第1节长而粗大，外侧红色，长与宽约为第2节的2倍，第3节与第1节约等长，但较细，第四节与末节略等长；前胸背板长稍大于宽，两侧平行，前端突然狭小。头、胸背板和鞘翅表面密布刻点，以鞘翅上的刻点较细密。跗节为不等式：5-5-4；爪2，每个爪纵裂为2片。雌、雄性特征区别比较明显：雄虫后胸腹面中央有一椭圆形、光滑的凹洼，各腹节腹面中央也稍凹，前足第1跗节基细、端宽；雌虫无此特征。

【生物学特性】呼市1年发生1代。此虫具有复变态，幼虫6龄。成虫6月下旬出现，群聚为害，取食植株嫩叶、心叶及花，影响结实。成虫遇惊常迅速逃避或落地藏匿，并分泌黄色液体，这种液体含有芫菁素，触及皮肤可导致皮肤红肿起泡。6月底产卵于土室中，7月中下旬孵化为幼虫，以第5龄幼虫（称为假蛹）在土室中越冬。

暗头豆芫菁成虫

翌年6月中旬，第6龄幼虫在土室中化蛹，然后羽化为成虫。1～4龄幼虫都能在土下自由活动取食，尤其第1龄幼虫行动活泼，在土上、土下活动。5～6龄幼虫都不食不动。幼虫具有捕食性。

【防治方法】

（1）人工捕杀成虫。

（2）在严重发生区的成虫期可喷洒3%高渗苯氧威乳油3000倍液。

红斑郭公虫

Trichodes sinae (Chevrolat,1874)

鞘翅目 郭公虫科

【寄主植物】枸杞、甜菜及十字花科蔬菜等。

【形态特征】雄成虫体长10～14mm，雌成虫体长14～18mm，全体深蓝色具光泽，密被软长毛。头宽短，黑色，向下倾，触角末端数节粗大如棍棒，深褐色，末节尖端向内伸似桃形；复眼大，赤褐色；前胸

红斑郭公虫成虫

背板前较后宽，前缘与头后缘等长，后缘收缩似颈，窄于鞘翅；鞘翅上横带红色至黄色，鞘翅狭长似芫菁或天牛，鞘翅上具3条红色或黄色横行色斑；足蓝色，5跗节。幼虫狭长，橘红色，3对胸足，前胸背板黄色，几丁化，胴部柔软，被有淡色稀毛，第9节背面具1硬板，腹端附有1对硬质突起。

【生物学特性】呼市地区代数不祥。以蛹在土内越冬。翌年4月成虫开始羽化，幼虫常栖息在蜂类巢内，食其幼虫。在内蒙古、宁夏5～7月成虫发生最多，喜欢在胡萝卜、苦豆、蚕豆顶端花上取食花粉。成虫有趋光性。

【防治方法】

（1）冬季深翻发生地土壤，消灭越冬蛹。

（2）夏秋季用黑灯光诱杀成虫。

（3）成虫发生期可喷洒3%高效氯氰菊酯微囊悬浮剂1000倍液。

杨叶甲

Chrysomela populi (Linnaeus,1758)

鞘翅目　叶甲科

【寄主植物】杨柳科植物。

【形态特征】成虫体长11mm左右，最宽处6mm左右。体呈椭圆形。背面隆起，体蓝黑色或黑色，鞘翅红色或红褐色，具光泽。卵橙黄色，长椭圆形，长2mm。幼虫体长15～17mm，头黑色，胸腹部白色略带黄色光泽。蛹长约10mm，金黄色。

【生物学特性】呼市1年发生2代，以未受精成虫在枯枝落叶层下或表土中越冬。翌年4月下旬上树，5月上旬在叶面上产卵成块，卵竖立排列。5～6月进入产卵盛期，6月下旬第二代成虫出现。1～2龄幼虫群居，2龄后分散，老熟幼虫在叶片或嫩枝上倒悬化蛹，1周后羽化为成虫。以幼虫、成虫食害嫩叶，仅残留叶脉，呈纱网状。气温高于25℃时，新羽化成虫多在草丛等隐蔽处或松散的表土层越夏，秋季再现为害

杨叶甲幼虫取食叶片

杨叶甲成虫取食叶片

杨叶甲成虫侧面

树叶，9月底至10月初潜入枯枝落叶或土中越冬。

【防治方法】

（1）人工摘除卵块，及时清除落叶杂草，早春利用越冬成虫假死性，振落捕杀。

（2）保护和利用蛹体内寄生小蜂等天敌。

（3）可喷洒10%吡虫啉可湿性粉剂2000倍液或3%的苯氧威乳油3000倍液进行药剂防治。

榆绿毛萤叶甲

Pyrrhalta aenescens (Fairmaire,1878)

鞘翅目　叶甲科

【寄主植物】榆树及其变种。

【形态特征】成虫体长约8mm，长椭圆形，黄褐色。鞘翅蓝绿色，具金属光泽，全体密被细柔毛及刺突；头小，顶具钝三角形黑斑1个。前头瘤三角形；触角丝状，第1～7节背面及第8～11节黑色；前胸背板横宽，中央有凹陷，上具倒葫芦形黑斑1个，两侧凹陷部各有卵形黑纹1个，鞘翅宽于前胸背板，后半部稍膨大，每鞘翅各具明显隆起线2条；小盾片黑色倒梯形。卵梨形，双排列，顶端尖细，长约1mm，黄色。幼虫老龄体长约11mm，长条形，微扁，深黄色；中、后胸及第1～8腹节背面黑色，每节可分为前后两小节，中、后胸节背面各有毛瘤4个，两侧各有毛瘤2个，第1～8腹节前小节各有毛瘤4个，后小节各有毛瘤6个，两侧各有毛瘤3个；前胸背板中央有近四方

榆绿毛萤叶甲卵

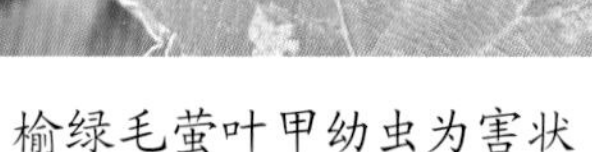

榆绿毛萤叶甲幼虫为害状

榆绿毛萤叶甲成虫为害状

榆绿毛萤叶甲蛹

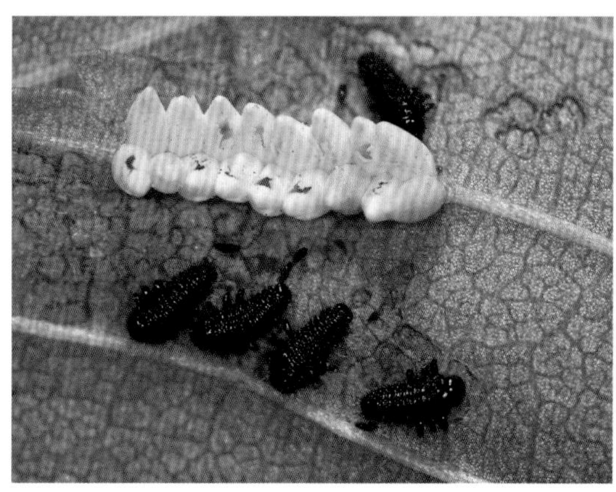

榆绿毛萤叶甲幼虫

榆绿毛萤叶甲成虫

形黑斑1个。蛹体椭圆形，长约7mm，暗黄色。

【生物学特性】呼市1年发生2代，以成虫在建筑物缝隙及杂草丛等处越冬。翌年4月下旬越冬代成虫开始出蛰，活动取食并交配产卵，将卵产在榆树萌芽或叶背面近主脉处，卵期5～8天。幼虫共5龄，第一代幼虫为害盛期在5～6月，第2代幼虫出现在7月上旬。8月上旬集中在树干裂缝处化蛹，羽化后取食，然后找合适的地方越冬。

【防治方法】

（1）利用幼虫群集于枝干化蛹的习性，人工捕杀。

（2）保护利用草蛉、寄生蜂、螳螂等天敌。

（3）低龄幼虫期可喷施1.2%烟碱·苦参碱乳油1000倍液或10%吡虫啉可湿性粉剂2000倍液。

（4）成虫发生期可喷施3%高效氯氰菊酯微囊悬浮剂1000倍液。

梨光叶甲

Smaragdina semiaurantiaca (Fairmaire,1888)

鞘翅目 叶甲科

【寄主植物】梨、杏、苹果、榆。

【形态特征】成虫体长5.2～6.0mm，体蓝绿色，具金属光泽；头小，密布刻点和白色短毛，刻点间隆起成斜皱纹，顶中央具浅纵沟；前胸背板横宽，隆凸，光滑，侧缘弧形，后角尖锐；鞘翅两侧平行，刻点粗密无序；腹面密被白色短毛。

【生物学特性】呼市一年发生1～2代，6～8月是为害盛期。

【防治方法】发生初期喷洒3%高渗苯氧威乳油3000倍液或5%氟铃脲乳油2000倍液。

梨光叶甲成虫

柳圆叶甲

Plagiodera versicolora (Laicharting,1781)

鞘翅目 叶甲科

【寄主植物】垂柳、旱柳。

【形态特征】成虫体长4～4.5mm，体卵圆形，深蓝色，有金属光泽。鞘翅上刻点粗密

柳圆叶甲成虫

柳圆叶甲幼龄幼虫为害状

而深，外侧有棕凹1个。老熟幼虫体长15～17mm，扁平，灰黄色，前胸背板中线两侧各有大褐斑1个，腹末具黄色吸盘。卵椭圆形，橙黄色。

【生物学特性】呼市1年发生3代，以成虫在杂草、落叶及土中越冬。成虫有假死性，此虫发生极不整齐，从春季到秋季均可见成虫、幼虫活动。幼虫在叶背群居为害，被害处叶片呈网状。成虫将叶片食成孔洞和缺刻。危害严重时仅留叶脉。

【防治方法】

（1）冬季及时清除落叶杂草，消灭越冬成虫。

（2）人工抹除卵块，捕杀幼虫和成虫。

（3）严重危害时可喷洒10%吡虫啉可湿性粉剂2000倍液或3.6%烟碱·苦参碱微囊悬浮剂1000倍液。

甘薯肖叶甲

Colasposoma dauricum (Mannerheim,1849)

鞘翅目　肖叶甲科

【寄主植物】柳、大丽花、打碗花。

【形态特征】成虫体长5～6mm，宽短，体色变化大，有蓝、绿、青铜、蓝紫等；肩胛后方具闪蓝光三角形1个；头刻点粗密，刻点间纵皱纹隆起，头顶隆凸，触角细长；前胸背板长为宽之半，前角尖，侧缘弧形，密布刻点；腹面被白色细毛；鞘翅隆凸，肩胛高隆、光亮，翅面刻点粗、

甘薯肖叶甲成虫

密、乱。卵长圆形，浅黄至黄绿色。幼虫圆筒形，体粗短、弯曲，黄白色，体表密布细毛。蛹为裸蛹，椭圆形，白至黄白色。

【生物学特性】呼市1年发生1代，以幼虫在土中越冬。翌年5月化蛹，6月成虫羽化。成虫耐饥力强，飞翔力差，有假死性。7月产卵，每雌产卵约120粒。成虫寿命30余天。幼虫期约10个月，蛹期约半月。

【防治方法】

（1）利用成虫假死性进行人工捕杀。

（2）在幼虫发生严重时可喷洒1.2%烟碱·苦参碱乳油1000倍液进行防治。

枸杞负泥虫

Lema decempunctata (Gebler, 1830)

鞘翅目　负泥虫科

【寄主植物】枸杞。

【形态特征】成虫体长5～6mm，前胸背板及小盾片蓝黑色，具明显金属光泽。卵橙

枸杞负泥虫幼虫及卵

黄色，长圆形，孵化前呈黄褐色。幼虫体灰黄或灰绿色，排泄物背负于体背，使身体处于一种黏湿状态；头黑色，有强烈反光；腹部各节的腹面有吸盘1对，用以身体紧贴叶面。蛹体浅黄色，腹端具刺毛2根。

【生物学特性】呼市1年发生3～4代，以成虫及幼虫在枸杞根际附近的土下越冬，翌年4月上旬开始活动，卵产于嫩叶上，每卵块6～22粒不等，呈“人”字形排列。幼虫自5月上旬开始活动，8～9月为负泥虫大量爆发时期。1龄幼虫常群集在叶片背面取食叶肉，留表皮，2龄后分散为害。虫粪污染叶片、枝条。幼虫老熟后入土3～5cm处吐白丝和土粒结成棉絮状茧，化蛹。

【防治方法】

（1）冬季清理枯枝落叶及杂草，降低越冬虫口数量。

（2）幼虫期可喷洒3%高渗苯氧威乳油2000倍液。

二十八星瓢虫

Henosepilachna vigintioctomaculata (Motschulsky,1857)

鞘翅目　瓢虫科

【寄主植物】榆叶梅、桃、柳、菊花等植物。

【形态特征】成虫体均呈半球形，红褐色，全体密生黄褐色细毛，鞘翅上有28个黑斑。老熟幼虫淡黄色，纺锤形，体背各节生有整齐的枝刺。卵炮弹形，初淡黄色，后变黄褐色。

【生物学特性】呼市1年发生2代，以成虫群集在背风向阳的石缝、树枝或土穴内越冬。翌年5月中下旬越冬成虫开始活动，8月中旬为为害盛期，成、幼虫在叶背剥食叶肉，仅留表皮，形成许多不规则半透明的细凹纹，成网目状，也能将叶片吃成孔状或仅存叶脉，严重时，受害叶片干枯、变褐，甚至全株死亡。2代成虫在8月中旬至10月上旬陆续羽化。

【防治方法】

（1）及时清理残株，降低越冬虫源

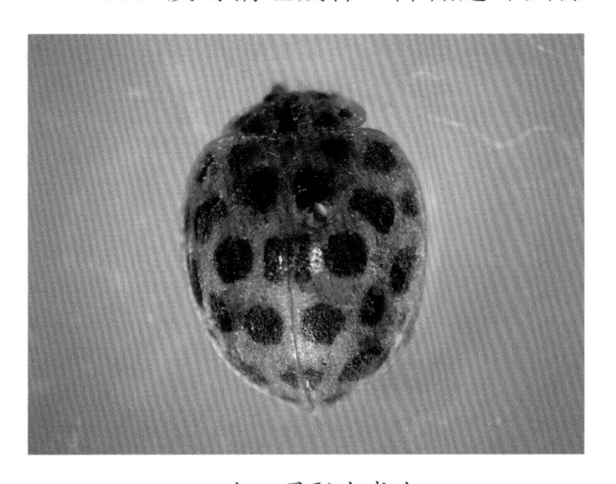

二十八星瓢虫成虫

基数。

（2）产卵盛期及时摘除叶背卵块；利用成虫的假死习性，进行人工捕杀。

（3）严重危害时可喷洒3.6%烟碱·苦参碱微囊悬浮剂1000倍液。

黑斜纹象甲

Bothynoderes declivis (Olivier, 1807)

鞘翅目　象甲科

【寄主植物】杨、柳树。

【形态特征】成虫体长7.5～11.5mm，体梭形，体壁黑色，被白至淡褐色披针形鳞片；前胸背板和鞘翅两侧各有互连的黑色条纹1条；鞘翅两侧平行，中间以后略窄。

黑斜纹象甲成虫

黑斜纹象甲交尾

【生物学特性】呼市1年发生1代，以成虫越冬。幼虫为害苗木根部，致使植株无法正常运输水分和营养物质而树势减弱，甚至死亡。常常造成苗木缺行断垄。成虫取食叶部，将叶片食成孔洞或缺刻。翌年7～9月为为害盛期，10月末开始越冬。

【防治方法】

（1）利用成虫的假死性，进行人工捕杀。

（2）利用灯光或糖水、红薯等甜物诱杀成虫。

（3）幼虫严重发生时向土中浇灌10%吡虫啉可湿性粉剂1000倍液。

西伯利亚绿象虫

Chlorophanus sibiricus (Gyllenhal,1834)

鞘翅目　象虫科

【寄主植物】苹果、山桃、杨、柳。

【形态特征】成虫体长9.3～10.7mm，体型梭形，密被淡绿色圆形和狭长鳞片；前胸两侧和鞘翅间鳞片黄色；前胸宽大于长，基部最宽，后角尖，背有隆起线3条；背扁平，散布横皱纹；鞘翅端部锐突，行间刻点深，刻点纵列10条。

【生物学特性】呼市1年发生一代，6～8月为成虫期，成虫为害幼芽和叶片，以苗和幼树发生严重。

【防治方法】在成虫发生期喷洒3%的高渗苯氧威乳油1000倍液。

西伯利亚绿象虫背部

西伯利亚绿象虫腹部

杨潜叶跳象

Tachyerges empopulifolis (Chen,1988)

鞘翅目　象虫科

【寄主植物】杨树。

【形态特征】成虫体长2.3～3mm，近椭圆形，黑至黑褐色，密被黄褐色短毛。卵长卵形，乳白色。老龄幼虫体扁宽，半圆形，深褐色，蛹乳白、黄褐至黑褐色。

【生物学特性】呼市1年发生1代，6月为成虫羽化盛期，取食叶背下表皮及叶肉，成虫善跳；幼虫潜食叶肉，潜道3～5cm，潜食约5天即在潜道末端做圆形叶苞，叶苞落地，在其中化蛹。

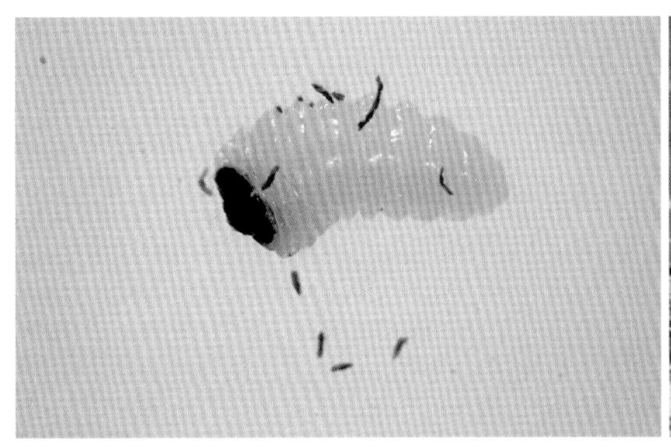
杨潜叶跳象幼虫

杨潜叶跳象危害状

【防治方法】幼虫期喷施洒3%高渗苯氧威乳油2000倍液。

白杨小潜细蛾

Phyllonorycter pastorella (Zeller, 1846)

鳞翅目　细蛾科

【寄主植物】杨、柳树。

【形态特征】成虫有冬型和夏型之分，后者体色深。翅展7～8mm，体银白色，有黄铜色花纹，前翅狭长，近中室处有铜色圆形小斑1个，翅后半部有铜色波状横带3条，外缘中部有长形黑斑。卵扁圆形，乳白色，有网状花纹。幼虫5龄，老熟幼虫淡黄色，腹部各节背后有1个近三角形黑斑；初龄幼虫白色，无足。蛹长，黄褐色，前端尖。

【生物学特性】呼市1年发生3代，以成虫在老树皮下、表土缝中或向阳墙缝、窗缝中越冬。第二年4月中旬杨、柳树芽萌动时成虫开始产卵。4月下旬，初孵幼虫咬破卵壳底部，直接蛀入叶内危害，被害叶片出现椭圆形稍鼓起的褪绿网状斑块，约经1个月在潜斑内化蛹，6月上旬出现成虫，6月下旬至7月末为第2代幼虫为害期，8～9月中旬为第3代幼虫为害期，10月开始越冬。

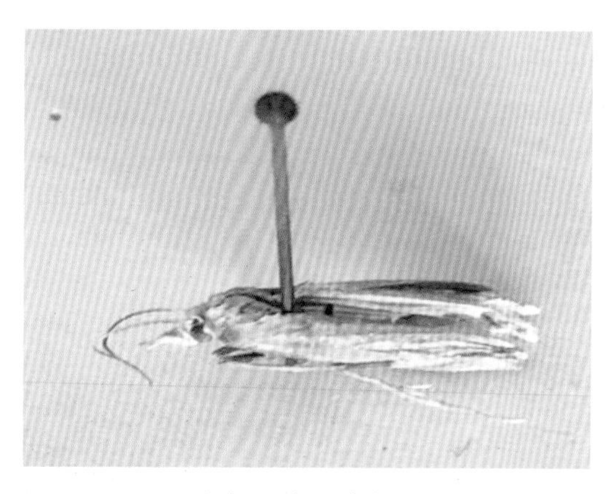

白杨小潜细蛾成虫

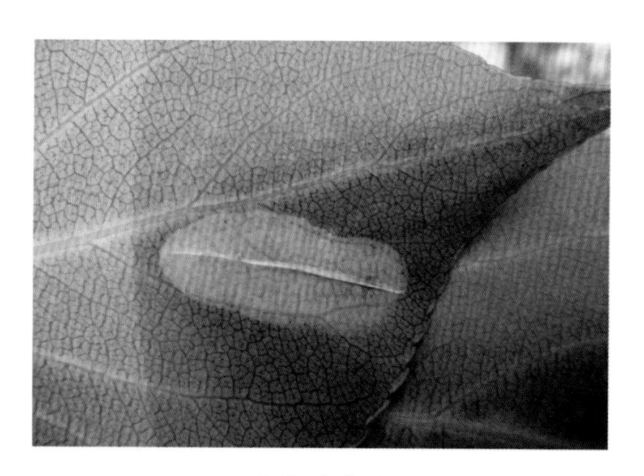

叶背为害状

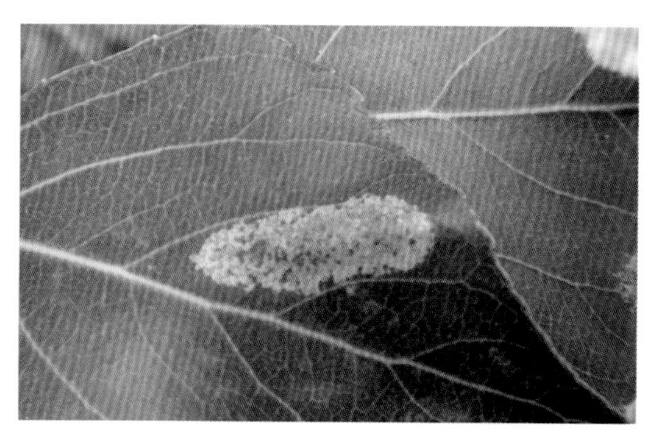

杨树叶表为害状

【防治方法】

（1）冬季清扫落叶，集中销毁，以消灭越冬蛹和成虫。

（2）可设黑光灯诱杀成虫。

（3）保护和利用胡蜂、瓢虫、姬蜂、跳小蜂等天敌。

（4）在幼虫为害期可喷洒10%吡虫啉可湿性粉剂2000倍液或1.2%烟碱·苦参碱乳油1000倍液。

柳丽细蛾

Caloptilia chrysolampra (Meyrick,1936)

鳞翅目　细蛾科

【寄主植物】柳树。

【形态特征】成虫体长约4mm，翅展8.5～9.5mm；触角长过腹部末端；前翅淡黄色，近中段前缘至后缘有淡黄白色大三角形斑1个，其顶角达后缘，后缘从翅基部至三角斑处有淡灰白色条斑1个，停落时两翅上的条斑汇合在体背上呈前钝后尖的灰白色锥形斑，翅的缘毛较长，淡灰褐色，尖端的缘毛为黑色或带黑点，顶端翅面上有褐斑纹；足长约接近体长，颜色白、褐相间。老熟幼虫体长5.3mm左右，长筒形，略扁。蛹近梭形，约4.8mm，胸背黄褐色，腹部颜色较淡。茧丝质，灰白色，近梭形。

【生物学特性】呼市1年发生代数不详，6月上中旬在树冠低层有低龄幼虫，将柳叶从尖端往背面卷叠4折，呈粽子状，幼虫在虫苞内啃食叶肉呈网状，7月上中旬见有蛹

柳丽细蛾幼虫卷粽子

扁筒形虫苞为害柳叶

和成虫，7月中旬多见大小不等的幼虫、未见蛹，8月上旬多数幼虫老熟，各代重叠，虫态不整齐。一直为害到9月。

【防治方法】

（1）虫量少时可人工修剪或摘除虫苞。

（2）保护和利用天敌。

（3）在幼虫期喷洒1.8%阿维菌素乳油2000倍液或1.2%烟碱·苦参碱乳油1000倍液。

卫矛巢蛾

Yponomeuta polystigmellus (Felder,1862)

鳞翅目　巢蛾科

【寄主植物】卫矛。

【形态特征】成虫体翅白色，肩片上各有1黑点，中胸背板4个黑点，前翅有小黑点40～50个，约成4纵列，近外缘散布小黑点多为7～10个，翅腹面灰褐色，缘毛白色，后翅正反面均灰褐色，缘毛白色。卵乳白色，扁椭圆形，具细密纵纹。老熟幼虫暗

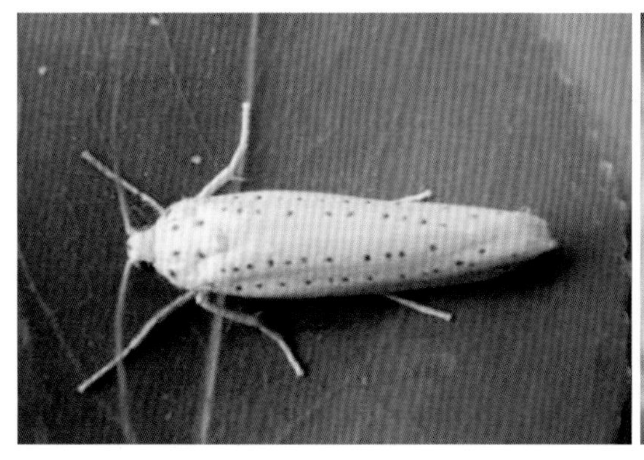

卫矛巢蛾成虫

卫矛巢蛾幼虫

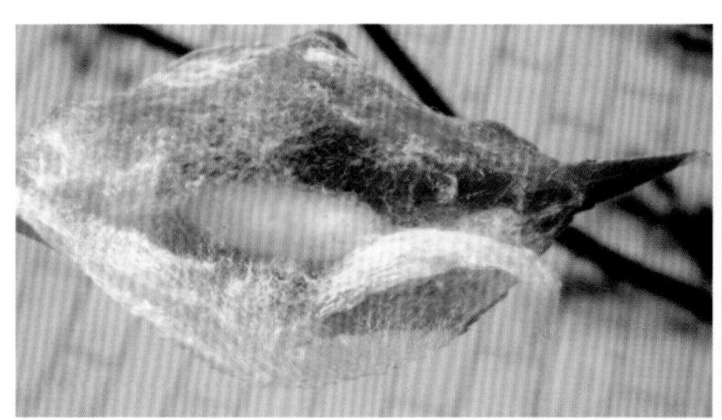

卫矛巢蛾蛹

卫矛巢蛾为害状

黄色，第1～8腹节背面各有黑色毛瘤，成2纵列。茧薄，白色。蛹体长11mm，淡绿、暗黄色。

【生物学特性】呼市1年发生1代，以幼龄幼虫越冬。翌年5月上旬幼虫开始为害，受害叶片被丝缀成“饺子”状，幼虫在里面取食，使叶片失绿、干枯。6月下旬结茧化蛹，7月上旬成虫开始羽化、产卵，7月末产卵于枝条。

【防治方法】

（1）结合冬季和春季修剪，人工清除卵块。

（2）利用黑灯光诱杀成虫。

（3）在幼龄幼虫期喷洒10%吡虫啉可湿性粉剂2000倍液或3%高渗苯氧威乳油3000倍液。

杨柳小卷蛾

Gypsonoma minutana (Hübner,1799)

鳞翅目　卷蛾科

【寄主植物】杨、柳等。

【形态特征】成虫翅展12～15mm，前翅茶褐色，翅面有黑褐与灰白色相间的横波纹和斑点，翅基有灰白色宽横带1条，后翅灰褐色。卵圆球形，水色。老龄幼虫体粗短，灰白色，前胸背板褐色，两侧下缘各有黑点2个，体节毛片浅褐色，上生白细毛。蛹体褐色。

【生物学特性】呼市1年发生3～4代，以初

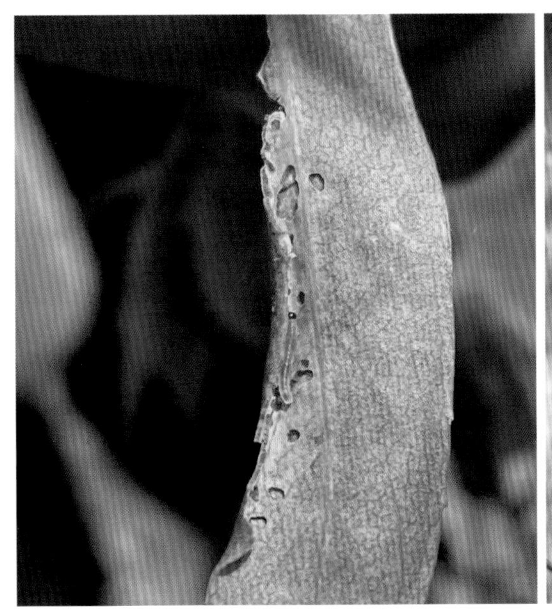

杨柳小卷蛾为害柳叶

杨柳小卷蛾为害状

龄幼虫在树皮缝隙处结茧越冬。翌年杨树发芽展叶后幼虫活动为害，5月上旬化蛹，出现成虫，5月下旬为羽化盛期，6月中下旬为第2代成虫盛发期，幼虫危害严重，世代重叠，9月仍有成虫。成虫有趋光性。卵单产于叶面，幼虫吐丝将1～2叶连缀一起取食。

【防治方法】

（1）设置黑灯光诱杀成虫。

（2）幼龄幼虫期喷洒10%吡虫啉可湿性粉剂2000倍液、3%高渗苯氧威乳油3000倍液或100亿孢子/mlBt乳剂500倍液。

松针小卷蛾

Epinotia rubiginosana

(Herrich-Schaffer,1851)

鳞翅目 卷蛾科

【寄主植物】油松、樟子松等。

【形态特征】成虫体长5～6mm，翅展15～20mm，体灰褐色，前翅有深褐色基斑、中横带和端纹，臀角处有黑短纹6条，前缘有白色钩状纹；后翅淡褐色。卵初产时白色，近孵化时灰白色，长椭圆形，有光泽，半透明，表面有刻纹。老熟幼虫头部淡褐色。蛹浅褐色，第2～7腹节缘各有小刺1列，后变为深褐色。茧土灰色，长椭圆形。

【生物学特性】呼市1年发生1代，以老熟幼虫做茧在地面茧内越冬。翌年4月初化蛹，4月中旬为成虫盛发期，5月上旬为末

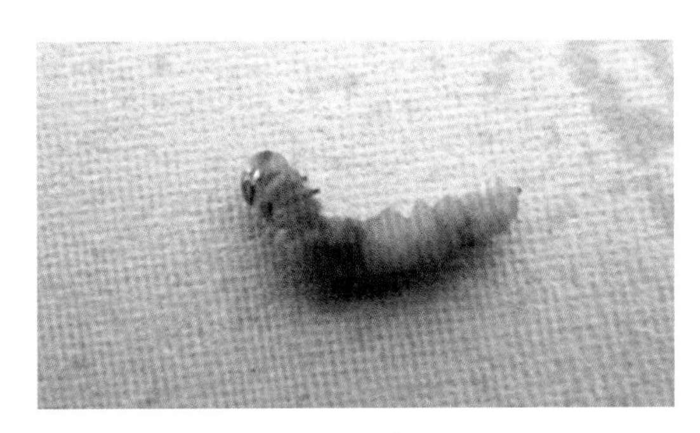

松针小卷蛾幼虫

松针小卷蛾为害状

期。成虫多在6～8月羽化。9月初幼虫老熟后吐丝下垂，在地面吐丝连缀杂草、土粒或碎叶结茧越冬。

【防治方法】

（1）适当密植，营造针阔混交林，增强油松幼林抗虫力。

（2）成虫羽化期可用黑光灯诱杀。

（3）保护和利用寄生蜂、赤眼蜂等天敌。

（4）低龄幼虫期喷洒3%高渗苯氧威3000倍液或25%灭幼脲Ⅲ号1500～2000倍液。

梨叶斑蛾

Illiberis pruni (Dyar,1905)

鳞翅目　斑蛾科

【寄主植物】梨、苹果、海棠、桃、杏、樱桃和沙果等果树。

【形态特征】成虫体长9～12mm，翅展20～26mm，翅半透明，灰黑色，翅前缘颜色较深。老熟幼虫体长约20mm，白色，纺锤形，从中胸到腹部第8节背面两侧各有1圆形黑斑，每节背侧有星状毛瘤6个。卵扁椭圆形，长0.7mm，初产时乳白色，近孵化时黄褐色。蛹纺锤形，长约12mm，初淡黄色，后期黑褐色。

【生物学特性】呼市1年发生1代，以2、3龄幼虫在树干裂缝与粗皮间结白色薄茧越冬。翌年早春萌芽时开始出蛰活动，幼虫吐丝黏合嫩叶隐藏期间取食危害叶片、花蕾，幼虫将叶片咬成饺子状，树冠呈灰白色。严重时满树仅剩吃完叶肉的叶苞，留下叶脉，叶片呈网格状。幼虫老熟后在叶苞内化蛹。

梨叶斑蛾老熟幼虫

梨叶斑蛾幼虫及为害状

梨叶斑蛾为害状

【防治方法】

（1）人工摘除虫苞。

（2）低龄幼虫期喷洒25%灭幼脲III号1500～2000倍液或1.2%烟碱·苦参碱乳油1000倍液。

草地螟（网锥额野螟）

Loxostege sticticalis (Linnaeus, 1761)

鳞翅目 螟蛾科

【寄主植物】禾本科草类。

【形态特征】成虫体长8～10mm，翅展20～26mm，体、翅灰褐色，前翅中央有1个淡黄色近方形斑，外缘有淡黄色条纹。老熟幼虫头部黑色有白斑，胸腹部黄绿或暗绿色，有明显的纵行暗色条纹。卵乳白色，有光泽。蛹长筒形，黄褐色。

【生物学特性】呼市1年发生2代，以老熟幼虫在土中结茧越冬。翌年5月中下旬可见越冬代成虫。第1代幼虫于6月中下旬至7月上旬发生，第2代幼虫于8月上中旬发生，该虫食性杂，初孵幼虫多集中在枝梢上结网躲藏，取食嫩叶，3龄后食量大增，可将叶片吃成缺刻或孔洞，严重时仅留叶脉，造成草坪出现褐色大斑。幼虫受惊后扭动后退，吐丝下垂。

【防治方法】

（1）利用杀虫灯诱杀成虫。

（2）释放草地螟性引诱剂诱杀成虫。

（3）卵期注意保护和利用赤眼蜂等天敌。

草地螟成虫

（4）幼虫爆发时可喷施白僵菌粉剂、10%吡虫啉可湿性粉剂2000倍液或1.2%烟碱·苦参碱乳油1000倍液。

棉卷叶野螟

Syllepte derogata (Fabricius,1775)

鳞翅目 螟蛾科

【寄主植物】大红花、悬铃花、木芙蓉、木槿等花木。

【形态特征】成虫体长10～14mm，翅展22～30mm。体黄白色，有闪光。胸背有12个棕黑色小点，排列成4排，第一排中有1毛块。雄蛾尾端基部有1黑色横纹，雌蛾的黑色横纹则在第8腹节的后缘。前后翅的外缘线、亚外缘线、外横线、内横线均为褐色波状纹。卵椭圆形，略扁，长约0.12mm，

棉卷叶野螟成虫

初产时乳白色，后变为淡绿色。幼虫体长约25mm，全体青绿色，老熟时变为桃红色。蛹长13～14mm，呈竹笋状，红棕色，从腹部第9节到尾端有刺状突起。

【生物学特性】呼市1年发生3代，以老熟幼虫在落叶、树皮缝、树桩孔洞、田间杂草根际处越冬。生长茂密的地块、多雨年份发生多。幼虫取食叶片，成虫有趋光性。轻者使花木失去观赏价值，重者失叶，造成枯萎、死亡。

【防治方法】

（1）及时清除枯枝落叶，减少越冬幼虫的数量，从而有效抑制第二年发生的数量。

（2）利用黑光灯诱杀成虫。

（3）保护和利用螟蛉绒茧蜂、玉米螟大腿小蜂、小造桥虫绒茧蜂、日本黄茧蜂、广大腿小蜂等天敌。

（4）幼虫盛发期喷施10%吡虫啉可湿性粉剂2000倍液或45%丙溴辛硫磷1000倍液。

红云翅斑螟

Oncocera semirubella (Scopoli,1763)

鳞翅目　螟蛾科

【寄主植物】柳、苜蓿。

【形态特征】成虫翅展24～28mm，头、触角淡褐色；胸背、肩角红色；前翅沿前缘有1条白色纵带，自基部到外缘，有1条由窄渐宽的红色纵带，翅后缘为黄色。后翅灰褐色，无斑，近外缘桃红色。

【生物学特性】呼市1年发生2代，以老熟幼虫在土中结茧越冬。幼虫危害柳梢等嫩枝叶，缀合取食，幼虫一生共转移为害3～4次，取食叶片60～80片。呼市6～9月可见成虫。

【防治方法】

（1）利用黑光灯诱杀成虫。

（2）在6月上旬第1代幼虫孵化盛期用25%灭幼脲III号3000倍液喷雾防治。

红云翅斑螟成虫

四斑绢野螟

Glyphodes quadrimaculalis
(Bremer et Grey,1853)

鳞翅目　螟蛾科

【寄主植物】柳。

【形态特征】成虫翅展33～37mm，头淡黑色，两侧有细白条；触角黑褐色，下唇须向上伸，下侧白色，其他黑褐色；胸、腹黑色，两侧白色；前翅黑色，有白斑4个，最外侧一个延伸成小白点4个；后翅白色，有闪光，外缘有黑色宽缘。

【生物学特性】呼市1年发生1代。6～8月为幼虫期。

【防治方法】

（1）利用灯光诱杀成虫。

（2）幼虫期喷洒20%除虫脲悬浮剂7000倍液。

四斑绢野螟成虫

中国绿刺蛾

Parasa sinica (Moore,1877)

鳞翅目　刺蛾科

【寄主植物】榆叶梅、珍珠梅、连翘等蔷薇科以及槭、桑、杨等。

【形态特征】成虫体长约12mm，头、胸及前翅绿色，翅基与外缘褐色；腹部灰褐色，末端灰黄色；后翅灰褐色，外缘带内侧有齿形突1个。缘毛灰黄色。卵椭圆形，黄色。幼虫老熟时体长15～20mm，黄绿色，背线两侧具双行蓝绿色点纹和黄色宽边，侧线宽，灰黄色，气门上线深绿色，气门线黄色，腹面色淡；前胸盾板有黑点1对，幼虫各节有灰黄色肉瘤1对，第9、10腹节各有1对黑瘤，各节气门下线两侧有黄色刺瘤1对。卵椭圆形，黄色。茧卵圆形，棕褐色。

【生物学特性】呼市1年发生1～2代，以老熟幼虫在浅土或树缝中结茧越冬。翌年6月中下旬成虫羽化。成虫产卵于叶背成块，

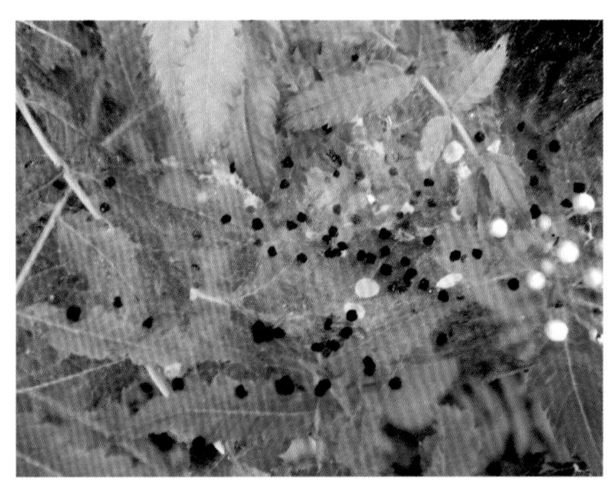

中国绿刺蛾幼虫粪便

中国绿刺蛾幼虫为害叶片

卵块有30～50粒卵。幼虫群集，1龄幼虫在卵壳上不食不动，2龄以后幼虫取食叶表皮或叶肉，致叶面呈网状半透明枯黄色斑块，大龄幼虫将叶片食成较平直的缺刻或孔洞，大发生时食光全部叶片。

【防治方法】

（1）冬季砸茧，破坏其越冬幼虫。

（2）幼虫期及时摘除带虫枝叶，减少虫源。

（3）保护和利用茧蜂等天敌。

（4）低龄幼虫期可喷洒1.2%烟碱·苦参碱乳油1000倍液。

黄刺蛾

Monema flavescens (Walker,1855)

鳞翅目　刺蛾科

【寄主植物】梅、海棠、月季、石榴、槭、杨、柳、榆、红叶李等。

【形态特征】成虫体长10～13mm；头、胸黄色，腹黄褐色；前翅基半部黄色，外半部黄褐色，有斜线2条呈倒“V”字形，为内侧黄色与外侧褐色的分界线；后翅黄褐色。卵长约1.5mm，淡黄色，扁平，椭圆形，一端略尖，薄膜状，其上有网状纹。老熟幼虫体长约24mm，黄绿色，圆筒形；头小，隐于前胸下方；前胸有黑褐点1对，体背有两头宽、中间窄的鞋底状紫红色斑纹。蛹体长约13mm，短粗，椭圆形，离蛹，黄褐色。茧灰白色，椭圆形，表面有黑褐色纵条纹，似雀蛋，质地坚硬。

【生物学特性】呼市1年发生1代，以老熟

黄刺蛾成虫

黄刺蛾成虫

黄刺蛾茧

幼虫在枝干或皮缝结茧越冬。6～7月下旬出现成虫。卵散产于叶背，卵期约6天。小幼虫食叶肉成网状；老幼虫食叶成缺刻，仅留叶脉。幼虫期约30天。

【防治方法】

（1）冬季人工摘除越冬虫茧。

（2）利用黑光灯诱杀成虫。

（3）保护和利用紫姬蜂、广肩小蜂等天敌。

（4）幼虫发生初期喷洒3%高渗苯氧威乳油3000倍液。

大造桥虫

Ascotis selenaria

(Denis et Schiffermüller,1775)

鳞翅目　尺蛾科

【寄主植物】月季、蔷薇、葡萄、菊花、一串红、万寿菊、萱草。

【形态特征】成虫体长约15mm，体色变异大，多为浅灰褐色，散布黑褐或淡色鳞片；前翅顶白色，内方黑色，内横线、外横线、亚外缘线均为黑色波纹，内、外横线间有白斑1个，斑周黑色，外横线上方有近三角形黑褐斑1个，外缘有半月形黑斑。卵青绿色，有深黑或灰白斑纹，表面有很多凸粒。老龄幼虫体长约40mm，体色多变，黄绿至青白；头褐绿色，头顶两侧有黑点1对，背线青绿色。蛹深褐色，光滑，尾端有刺2根。

大造桥虫成虫

大造桥幼虫

【生物学特性】呼市1年发生2～3代，以蛹在土中或杂草丛中越冬。全年6～7月受害最重。成虫昼伏夜出，飞翔力和趋光性极强，产卵于枝杈及叶背处，每雌产卵200～1000粒。初孵幼虫吐丝下垂，随风扩散，自叶缘向内蚕食。

【防治方法】

（1）秋季可以人工挖蛹。

（2）成虫期利用灯光诱杀成虫。

（3）幼虫盛期，喷洒10%吡虫啉可湿性粉剂2000倍液或20%除虫脲悬浮剂7000倍液。

桦尺蛾

Biston betularia (Linnaeus,1758)

鳞翅目　尺蛾科

【寄主植物】桦、杨、榆、柳、落叶松。

【形态特征】成虫体色变异很大，翅灰褐，布满深色污点，线纹黑色，明显。幼虫体绿色。

【生物学特性】呼市1年发生2代，6～8月为幼虫期。

桦尺蛾成虫

【防治方法】

（1）设置黑光灯诱杀成虫。

（2）幼虫期喷洒20%除虫脲悬浮剂7000倍液。

锯翅尺蛾

Ctenognophos glandinaria
(Motschulsky,1860)

鳞翅目　尺蛾科

【寄主植物】柳、桦、忍冬、李。

【形态特征】成虫体长10～17mm，翅展46～48mm，雄性焦黄色，雌性浅黄色；前、后翅外缘锯齿形，中线宽，外线细；前翅中室星点显著。

【生物学特性】呼市1年发生2代，以幼虫越冬。5～6月和8～9月分别为各代成虫期。

【防治方法】

（1）利用灯光诱杀成虫。

锯翅尺蛾成虫

（2）幼虫期喷洒3%高渗苯氧威乳油3000倍液。

春尺蠖

Apocheima cinerarius (Erschoff,1874)

鳞翅目 尺蛾科

【寄主植物】苹果、梨、杨树、柳树、槐等。

【形态特征】雄虫体长10～15mm，翅展28～37mm，触角羽状，腹部各节背面有数目不等的成排黑刺，刺尖端圆钝，腹末端臀板有突起和黑刺列；雌成虫无翅，体长7～19mm，触角丝状，体灰褐色，前翅淡灰褐至黑褐色，从前缘至后缘有褐色波状横纹3条。卵长圆形，长0.8～1mm，有珍珠样光泽，卵壳上有整齐刻纹，初产时灰白或褐色，后深紫色。幼虫老熟时体灰褐或棕褐色，体长22～40mm，幼虫腹部第2节两侧各有1瘤状突起，腹线白色，气门线淡黄色。蛹体长1.2～2.0mm，黄褐色，臀棘分叉，雌蛹有翅的痕迹。

【生物学特性】呼市1年发生1代，以蛹在树冠下土中越冬。翌年3月下旬当地表5～10cm处温度在0℃左右时成虫开始羽化出土，4月上旬产卵，卵多产于树干1.5m以下的树皮缝隙内和断枝皮下等处，十余粒至数十粒聚成块状。每雌产卵量平均约100粒，卵期13～30天。4月下旬幼虫孵化，幼虫5龄，初孵幼虫取食幼芽及花蕾，较大时蚕食叶片，遇惊吐丝下垂假死，5月上旬为暴食期，5月下旬老熟幼虫入土后分泌液体形成土室化蛹，蛹期达9个多月。

【防治方法】

（1）在干基周围挖深、宽各约10cm环形沟，沟壁要垂直光滑，沟内撒毒土0.5kg阻杀成虫上树，或在树干基部堆沙或绑以5～7cm宽塑料薄膜带，以阻止雌蛾上树。

（2）利用幼虫假死性，振落幼虫捕杀。

（3）幼虫期喷施3%的高渗苯氧威乳油3000倍液、1.8%阿维菌素乳油2000倍液或1.31×10^{10}～2×10^{10}春尺蠖核型多角体病毒液。

春尺蠖幼虫

桑褶翅尺蛾

Zamacra excavata (Dyar,1905)

鳞翅目　尺蛾科

【寄主植物】柳、槐、桃、珍珠梅、榆、毛白杨及果树等。

【形态特征】翅展39～50mm，雌成虫体灰褐色，头部及胸部多毛，触角丝状，翅面有赤色和白色斑纹；雄成虫体色较雌蛾略暗，触角羽毛状。卵椭圆形，初产时深灰色，光滑，4～5天后变为深褐色，带金属光泽。老熟幼虫黄绿色，头褐色，前胸侧面黄色，腹部第1～8节背部有黄色刺突，

桑褶翅尺蛾幼虫啃食杨叶

桑褶翅尺蛾中龄幼虫

第5腹节背部有绿色刺1对；蛹椭圆形，红褐色，臀棘2根。茧灰褐色，表皮较粗糙。

【生物学特性】呼市1年发生1代，以蛹在树干基部的茧内越冬。翌年3月开始羽化。成虫白天潜伏于隐蔽处，夜晚活动，有假死习性，受惊后即落地。4月上旬产卵，卵呈长块形，产于枝梢上，4月中下旬幼虫孵

桑褶翅尺蛾老熟幼虫

桑褶翅尺蛾成虫

化，幼虫受惊后头向后腹面隐藏，呈“？”形。6月中下旬老熟幼虫爬到树干基部寻找化蛹处吐丝作茧化蛹，越夏、越冬。

【防治方法】

（1）要注意检查移栽苗木，防止带虫苗木扩散。

（2）在晚秋或早春人工防治，将土中的蛹挖出。

（3）幼虫发生数量多时可喷洒1.2%烟碱·苦参碱乳油1000倍液喷雾进行防治。

国槐尺蠖

Semiothisa cinerearia

(Bremer et Grey,1853)

鳞翅目 尺蛾科

【寄主植物】槐、龙爪槐等。

【形态特征】成虫体长约18mm，翅展30～45mm，翅灰白色，密布灰褐色细点，前后翅面均有深褐色波状纹3条；前翅内横线、中横线浅褐色较细，中室斑点灰褐色，外

国槐尺蠖成虫

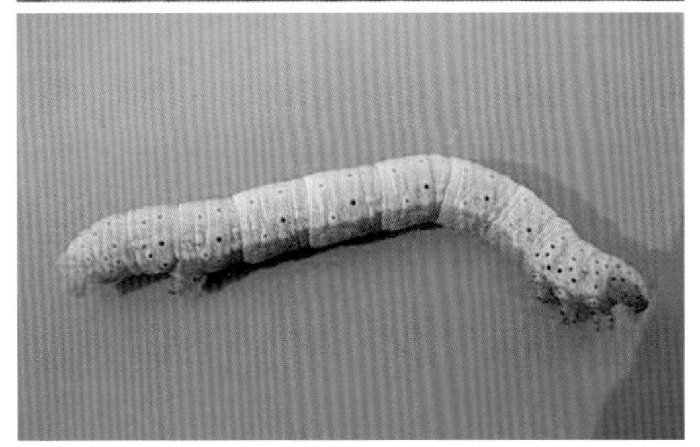

国槐尺蠖幼虫

横线在前缘处有1个三角形深褐色斑，顶角及中、外横线间颜色较浅；后翅基部、外横线外侧色较深，中横线浅褐色，中室斑点深褐色，外线微曲为2条褐色线，外侧有1列较模糊的深褐色斑。幼虫分为春、秋两型：春型老熟幼虫体紫粉色，头部浓绿色；秋型老熟幼虫体蓝粉色，头部黑色。卵椭圆形，表面有网纹。蛹圆锥形，初粉绿色，后褐色。

【生物学特性】呼市1年发生3代，以蛹在土中越冬。翌年4月中下旬出现成虫。4月至9月上旬均有幼虫出现，世代重叠，幼虫蚕食叶片形成缺刻或孔洞，影响光合作用，严重时食光整株叶片，造成寄主死亡。9月后开始化蛹越冬。

【防治方法】

（1）加强园林管理，如松土、浇水，破坏其越冬蛹。

（2）利用杀虫灯诱杀成虫。

（3）保护和利用姬蜂、螳螂等天敌。

（4）幼虫发生严重时可喷洒0.65%茼蒿素水剂500倍液。

丝棉木金星尺蛾

Abraxas suspecta (Warren,1894)

鳞翅目　尺蛾科

【寄主植物】卫矛、榆、槐、杨、柳等。

【形态特征】成虫体长约33mm，翅白色，具有淡灰和黄褐色不规则斑纹。卵长圆形，有网纹，初灰绿色，后黑色。老龄幼虫体长约31mm，黑色，前胸背板黄色，上有近方形黑斑5个，背线、亚背线、气门上线和亚腹线为蓝白色，气门线和腹线黄色，胸部及第6腹节后各节有黄色横条纹。蛹棕色，纺锤形。

丝棉木金星尺蛾成虫

丝棉木尺蛾卵

丝棉木金星尺蛾幼虫群集结网

【生物学特性】呼市1年发生2代，以蛹在树冠下土内1～3cm深处或枯枝落叶中越冬。每年有2个发生高峰，即4月上旬至5月上旬、8月中旬至9月上旬。春天发生量大，危害严重，6～7月以蛹越夏。丝棉木金星尺蛾的卵一般产在叶片的背面或叶柄处，卵的第1代约10天，第2代约13天。幼

丝棉木金星尺蛾幼虫

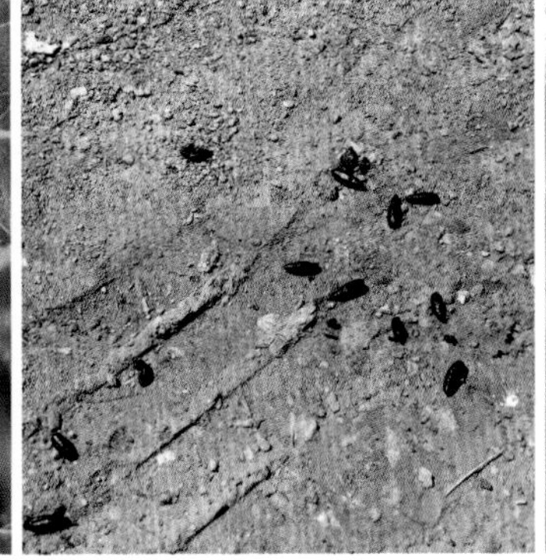

丝棉木金星尺蛾蛹

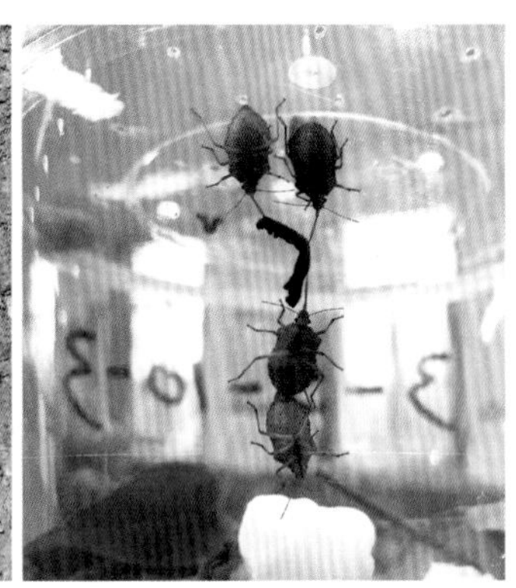

蠋蝽刺吸丝棉木尺蛾幼虫

虫共5龄，初孵幼虫黑色，有群集性、假死性和吐丝飘移习性。2龄后分散危害，3龄后食量增大，啃食寄主植物叶片，严重时可将叶片食光。4龄幼虫体表可见白色斑点，5龄幼虫黄色斑点十分明显。

【防治方法】

（1）利用幼虫吐丝下垂习性，可振落收集幼虫捕杀。

（2）越夏和越冬蛹期可在寄主植物的地表进行耕锄灭蛹。

（3）利用黑光灯诱杀成虫。

（4）保护和利用如寄生蜂、蠋蝽、螳螂和一些鸟类等天敌。

（5）幼虫发生期喷洒20%除虫脲悬浮剂7000倍液或3%高效氯氰菊酯可湿性粉剂1000倍液防治。

榆津尺蛾

Astegania honesta (Prout,1908)

鳞翅目 尺蛾科

【寄主植物】杨、柳、榆。

【形态特征】成虫翅展24～29mm，淡棕色；前翅前缘脉的中部和外方各有与脉垂直的黑短纹1个，各纹向后各有与外缘相平行的直纹1条。

【生物学特性】呼市1年发生2代，以蛹越冬。6月和8月为成虫期。

【防治方法】

（1）秋季人工挖蛹，消灭越冬虫源。

（2）成虫期用黑光灯诱杀成虫。

（3）幼虫盛期喷洒3%高效氯氰菊酯可湿性粉剂1000倍液防治。

榆津尺蛾成虫

黑鹿蛾

Amata ganssuensis (Grum-Grshimailo,1890)

鳞翅目　鹿蛾科

【寄主植物】杂草。

【形态特征】成虫翅展28～30mm，黑褐色，具有蓝缘或紫色光泽，触角丝状，黑色；下胸具2黄色侧斑，腹部第1、5节上有橙黄带；翅黑色，带蓝紫或红色光泽；翅面常缺鳞片，形成透明窗，前翅具6个白斑，后翅小于前翅，具2个白斑，斑大小变异较大。

【防治方法】

（1）入冬前清除黑鹿蛾越冬场所。

（2）越冬代幼虫为害严重时喷洒1.2%烟碱·苦参碱乳油1000倍液。

黑鹿蛾成虫

杨扇舟蛾

Clostera anachoreta
(Denis et Schiffermüller, 1775)

鳞翅目　舟蛾科

【寄主植物】杨、柳。

杨扇舟蛾卵

杨扇舟蛾幼虫被茧蜂寄生

【形态特征】成虫体长约15mm，褐灰色；前翅扇形，顶端有灰褐色扇形大斑1块。幼虫体灰褐色，全身密被灰黄色长毛；头部黑褐色，胸部灰白色，侧面灰绿色，腹背黄绿色，两侧有灰黄色宽带，有较大黑瘤1个，第1和8腹节背中央有红黑色大瘤。蛹体长圆形，约长16mm，褐色。茧椭圆形，灰白色，丝质。

【生物学特性】呼市1年发生3～4代，以蛹在地面落叶、树干裂缝或基部老皮下结茧越冬。4～5月间出现成虫，以后大约每隔1个月发生1代，世代重叠。卵多产于叶片背面，单层整齐平铺呈块状，每处百余粒。初孵幼虫群栖叶背，稍大后在丝缀叶

杨扇舟蛾老熟幼虫

苞中，昼伏夜出，3龄后逐渐向外扩散为害，5龄老熟时吐丝缀叶做薄茧化蛹。7～9月份是为害盛期。10月份开始结茧化蛹越冬。幼虫取食叶片，影响树木生长。1～2龄幼虫仅啃食叶的下表皮，残留上表皮和叶脉；2龄以后吐丝缀叶，形成大的虫苞；3龄以后可将全叶食尽，仅剩叶柄。

【防治方法】

（1）人工摘除虫叶、卵块或化蛹虫苞，也可结合冬季落叶时消灭越冬蛹。

（2）利用黑光灯诱杀成虫。

（3）保护和释放黑卵蜂和赤眼蜂等天敌。

（4）幼虫发生期喷洒1.2%烟碱·苦参碱乳油1000倍液。

杨二尾舟蛾

Cerura menciana (Moore,1877)

鳞翅目　舟蛾科

【寄主植物】杨、柳。

【形态特征】成虫体长约28mm，头、胸部灰白微带紫褐色，胸背有两列黑点6个排列成对，翅基片有黑点2个；前翅亚基部无暗色宽横带，有锯齿状黑波纹数排，中室有明显新月形黑环纹1个；腹背黑色，第1～6腹节中央有灰白色纵带1条，两侧各具黑点1个；后翅白色。卵馒头形，红褐色，中央有黑点1个。幼虫体色随龄期而异，初孵时黑色，2龄后渐紫褐至叶绿色；老熟时体长约50mm，头部深褐色，前胸背板大而硬，两侧下方各有圆形黑点1个，后胸背板呈峰突；第4腹节侧面近后缘有白色条纹1条；臀足特化呈尾须状，似后翘双尾。蛹体长椭圆形，尾部钝圆，褐色。茧扁椭圆形，黑色，坚硬，茧顶有胶状物封口。

【生物学特性】呼市1年发生2代，以老熟幼虫在树干特别是近基部处结茧越冬。成虫有趋光性，产卵于叶片上，卵期约12

杨二尾舟蛾成虫

天。幼虫共5龄，初期活跃，4龄后进入暴食期，受惊时翘起臀足。6月中下旬和8月中下旬为幼虫严重发生期。

【防治方法】

（1）春、秋两季人工砸击树干上茧壳杀灭蛹体。

（2）利用黑光灯诱杀成虫。

（3）幼虫发生严重时喷施1.2%烟碱·苦参碱乳油1000倍液。

黑带二尾舟蛾

Cerura felina (Butler,1877)

鳞翅目　舟蛾科

【寄主植物】杨、柳。

【形态特征】成虫体长25～27mm，翅展68～72mm，体灰白色，头和翅基片黄白色，胸背中线明显，有“八”字形黑纵带2条和黑斑10个；腹背黑色，中线不清，每节中央有大灰三角形斑1个，斑内有黑纹2条，前后连成黑线2条，腹末节背有黑纵纹1条；前翅灰白色，亚基部有暗色宽横带，内横

黑带二尾舟蛾成虫

线双道波浪形，中横线深锯齿形，与外横线平行，从后缘伸至M_3外衬平行的灰黑线1条，后翅外缘线由7个黑点组成。卵红褐色，半球形。幼虫老熟时体青绿至湖蓝色，先端紫红，颈部紫红色，腹足4对，第4腹节侧无白色条纹，臀足退化成1对枝状尾突。蛹体纺锤形，包于硬茧中。茧灰褐色，椭圆形，表面较粗糙，壳较薄。

【生物学特性】呼市1年发生2代，以蛹在硬茧中于树干上越冬。翌年5月成虫羽化、交尾、产卵，出现第1代幼虫。幼虫期约30天，7月结茧化蛹，蛹期10～15天，出现第1代成虫，再产卵，于7月下旬出现第2代幼虫，9月化蛹结硬茧越冬。

【防治方法】

（1）秋、冬季节人工砸灭树干上在硬茧内越冬的蛹，杀灭越冬虫源。

（2）黑光灯诱杀成虫。

（3）幼虫发生严重时，喷洒1.2%烟碱·苦参碱乳油1000倍液。

榆白边舟蛾

Nerice davidi (Oberthür,1881)

鳞翅目　舟蛾科

【寄主植物】榆。

【形态特征】成虫翅展33～45mm，体灰褐色，头、胸部背面暗褐色，翅基片灰白色，腹部灰褐色，前翅前半部暗灰褐色带

榆白边舟蛾成虫

棕色，后方边缘黑色，沿中脉下缘纵行在Cu_2中央稍下方呈一大齿形曲，后半部灰褐，蒙有一层灰白色，尤以前半部分界处呈一白边，前缘外半部有灰白纺锤形斑1块，内、外横线黑色，内横线在中室下方有膨大成圆斑1个，外横线锯齿形；后翅灰褐色。卵青绿至灰绿色。老龄幼虫粉绿色，头部有“八”字形暗线，前胸细，中、后胸渐次增大，第1～8腹节背有峰突，峰顶端有赤色斑，基部黄白色，腹背两侧每节有暗绿色斜线1条，下面由白点排成边，气门下方有紫色带和紫红色斑。

【生物学特性】呼市1年发生2代，以蛹在土中越冬。翌年4月成虫羽化。卵单产于叶背、叶梢，5～10月均有幼虫为害。

【防治方法】

（1）设置黑光灯诱杀成虫。

（2）幼虫期喷洒100亿孢子/mLBt乳剂500倍液或1.2%烟碱・苦参碱乳油1000倍液。

苹掌舟蛾

Phalera flavescens

(Bremer & Grey,1852)

鳞翅目　舟蛾科

【寄主植物】杏、梨、苹果、桃、樱桃、梅、榆等。

【形态特征】成虫体长约25mm，翅展约56mm，黄白色，前翅基部有银灰和紫褐色各半的椭圆形斑，近外缘处有与翅基部色彩相同的斑6个，翅顶角有灰褐色斑2个。卵近球形，灰白至灰色。幼龄幼虫枣红色，体侧有黄线，密被黄色长毛；大龄幼虫体黑色，着生黄白色软长毛；老熟幼虫体长约50mm，暗紫红色，头和背线黑色，气门上下各节间有淡黄色长毛簇，各节背部前方有黑色横带，腹部腹面有黑斑1块。蛹体红褐色，腹末有两分叉刺2个。

【生物学特性】呼市1年发生1代，以蛹在土中越冬。翌年7月成虫羽化，卵产于叶背面，数十粒呈块状，卵期约7天。幼虫共5龄，有假死和吐丝下垂习性，停栖时

苹掌舟蛾成虫

头尾向上翘起呈小舟形，故又名“舟形毛虫”。7～9月为幼虫为害期，秋季老熟幼虫入土化蛹越冬。

【防治方法】

（1）人工摘除带虫叶片并集中消灭。

（2）利用黑光灯诱杀成虫。

（3）幼虫发生严重时喷施Bt乳剂500倍液或1.2%烟碱·苦参碱乳油1000倍液。

舞毒蛾雌成虫

舞毒蛾卵块

舞毒蛾老龄幼虫

舞毒蛾

Lymantria dispar (Linnaeus,1758)

鳞翅目　毒蛾科

【寄主植物】苹果、山桃、杨、柳、银杏等多种植物。

【形态特征】雄成虫翅展40～55mm，前翅茶褐色，有波状横带，外缘呈深色带状。雌成虫翅展55～89mm，前翅灰白色，有1个黑褐色斑点。卵圆形稍扁，初产为杏黄色，数百粒在一起成卵块，其上覆盖黄褐色绒毛；老熟幼虫头黄褐色，有“八”字形黑色纹，第1～5腹节的毛瘤为蓝色，第6～11节的6对毛瘤为红色。蛹体红褐色，被有锈黄色毛丛。

【生物学特性】呼市1年发生1代，以卵内发育完成的幼虫在石块缝隙或树干背面洼裂处越冬。1龄幼虫体有空心毛，可随风打散。初孵幼虫白天多群栖叶背面，夜间取食叶片成孔洞。2龄后分散取食，白天栖息，傍晚上树取食，幼虫主要为害叶片，食量大，食性杂，严重时可将全树叶片吃光。雄虫蜕皮5次，雌虫蜕皮6次，5～6月为害最重，6月中下旬陆续老熟，化蛹。成虫7月大量羽化。成虫有趋光性。

【防治方法】

（1）人工清除卵块，消灭越冬虫源。

（2）利用成虫具有趋光性的特点，可设置灯光诱杀。

（3）保护和利用黑瘤姬蜂、卷叶蛾姬蜂等天敌或使用白僵菌、舞毒蛾核型多角体病毒、苏云金杆菌等进行防治。

（4）害虫发生严重时喷洒20%除虫脲悬浮剂7000倍液防治。

榆黄足毒蛾

Ivela ochropoda (Eversmann,1847)

鳞翅目　毒蛾科

【寄主植物】榆、月季、馒头柳。

【形态特征】成虫体长15mm，白色，触角栉齿状。前足腿节端半部、胫节和跗节鲜黄色，中足和后足胫节端半部、跗节鲜黄

榆黄足毒蛾幼虫

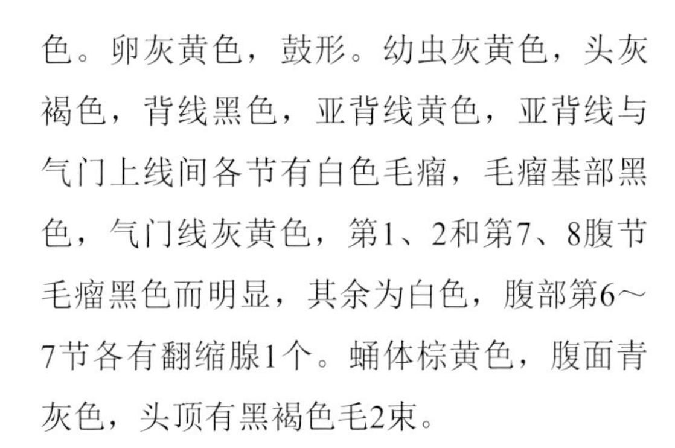

色。卵灰黄色，鼓形。幼虫灰黄色，头灰褐色，背线黑色，亚背线黄色，亚背线与气门上线间各节有白色毛瘤，毛瘤基部黑色，气门线灰黄色，第1、2和第7、8腹节毛瘤黑色而明显，其余为白色，腹部第6～7节各有翻缩腺1个。蛹体棕黄色，腹面青灰色，头顶有黑褐色毛2束。

【生物学特性】呼市1年发生2代，以幼虫在树皮裂缝中越冬。翌年4月下旬开始活动为害，初孵幼虫啃食叶肉，大龄幼虫沿叶缘吞食，常把叶片蚕食光。6月化蛹，7月成虫羽化。成虫趋光性很强，产卵于枝条和叶背面，相连成串，卵期约10天。4～10月为幼虫为害期，10月下旬随气温下降而相继越冬。

【防治方法】

（1）利用黑光灯诱杀成虫。

（2）幼虫期喷洒30%的噻虫胺悬浮剂2000倍液或1.2%的烟碱·苦参碱乳油1000倍液。

榆黄足毒蛾成虫

榆黄足毒蛾蛹

杨雪毒蛾

Leucoma candida (Staudinger,1892)

鳞翅目　毒蛾科

【寄主植物】杨、柳。

【形态特征】雄虫翅展35～42mm，雌虫翅展48～52mm。成虫体翅白色，不透明，触角黑白相间，栉齿灰褐色。足胫节和跗节具有黑白相间的环纹。幼虫体黑褐色，头部黄褐色。体节背面具疣状突起。蛹黑褐色，被棕毛，末端有小钩2簇。

【生物学特性】呼市1年发生1～2代，以2龄幼虫在树皮缝里做茧越冬。翌年4～5月开始为害。幼虫取食嫩芽、叶片，将叶片食成缺刻或孔洞。严重危害时食光叶肉，仅留叶脉。7月初第1代幼虫孵化为害。9月中旬第2代幼虫孵化为害。

【防治方法】

（1）人工捕杀群集幼虫、铲除卵块。

（2）保护和利用广大腿蜂等天敌。

（3）幼虫严重发生时可喷洒Bt乳剂500倍液或1.2%烟碱·苦参碱乳油1000倍液。

杨雪毒蛾成虫

人纹污灯蛾

Spilarctia subcarnea (Walker, 1855)

鳞翅目　灯蛾科

【寄主植物】桑、蔷薇、榆、杨、槐、月季、菊花、石竹、碧桃、荷花等。

【形态特征】成虫体长约20mm，翅展40～52mm；胸部和前翅白色，腹背部红色；前翅面上有黑点两排，停栖时黑点合并成“人”字形，后翅略带红色。卵浅绿色，扁圆形。幼虫老熟体长约50mm，黄褐色，密被棕黄色长毛；背线棕黄色，亚背线暗褐色，气门线灰黄色，其上方为暗黄色宽带；中胸及第1腹节背面各有横列黑点4个，第7～9腹节背线两侧各有黑色毛瘤1对，黑褐色，气门线背部有暗绿色线纹；各节有突起，并长有红褐色长毛。蛹体紫褐色，尾部有短刚毛。

【生物学特性】呼市1年发生2代，以幼虫在地表落叶或浅土中吐丝黏合体毛做茧越冬。翌年5～6月成虫羽化，趋光性很强。产卵期长。卵粒排列成行，每卵块数十至

人纹污灯蛾老龄幼虫

数百粒。5～9月为幼虫为害期，初孵幼虫群居叶背，啃食叶肉，留下表皮。大龄幼虫取食叶片留下叶脉和叶柄，幼虫爬行速度极快，受惊后落地假死，并蜷缩成环状。

【防治方法】

（1）设置灯光诱杀成虫。

（2）利用幼虫假死性，通过人工振落方法进行防治。

（3）幼虫发生严重时，喷施30%的噻虫胺悬浮剂2000倍液或1.2%的烟碱・苦参碱乳油1000倍液。

亚麻篱灯蛾

Phragmatobia fuliginosa (Linnaeus, 1758)

鳞翅目　灯蛾科

【寄主植物】杨、亚麻。

【形态特征】成虫体长约14mm，翅展30～40mm，胸部暗红色，腹部背面红色，背面及侧面各有1列黑点；前翅咖啡色，中室距外缘之间有黑斑1个，后翅粉红色，中室外缘有黑斑2个，沿翅缘有大黑斑4个。卵馒头形，污白色，表面隐见斜纹。老龄幼虫头黑色，胴部灰黄色，背中线黄色，各节生并列毛疣，疣上丛生黄色长毛、前胸和臀板毛疣生黑粗长毛。蛹棕黄色。茧椭圆形，灰黄色。

亚麻篱灯蛾成虫

【生物学特性】呼市1年发生1次。6～7月成虫期，幼虫食叶。老熟幼虫于叶上吐丝做薄茧化蛹。成虫趋光性强。

【防治方法】

（1）设置灯光诱杀成虫。

（2）幼虫期喷洒1.2%烟碱・苦参碱乳油1000倍液。

豹灯蛾

Arctia caja (Linnaeus, 1758)

鳞翅目　灯蛾科

【寄主植物】桑、接骨木、菊花。

【形态特征】成虫翅展58～86mm，体色和花纹变异很大。头、胸褐色，腹红或橙黄色，腹面黑褐色；前翅红褐色，亚基线在中脉处折角，前缘在内、中横线处有白斑，外横线在外方折角，斜向后缘，亚端带从翅顶斜向外缘，后翅红或橙黄色，翅

豹灯蛾成虫

中近基部有蓝黑色大圆斑，外缘有大圆斑3个。幼虫体黑色，刚毛长，黑或灰色。

【生物学特性】呼市1年发生1代，以幼虫在杂草或落叶下越冬，早春幼虫为害桑叶。

【防治方法】

（1）灯光诱杀成虫。

（2）早春幼虫期喷洒1.2%的烟碱·苦参碱乳油1000倍液。

砌石篱灯蛾

Arctia flavia (Fuessly, 1779)

鳞翅目　灯蛾科

【寄主植物】枸子属植物。

【形态特征】成虫翅展雄52～62mm，雌58～78mm。头、胸黑色，颈板前方具黄带，翅基片外侧前方具黄色三角斑；腹部黄色、背面基部黑色、背面中央具黑色纵带、腹部末端及腹面黑色；前翅黑色，内线黄白色，在中室处有一黄白带与翅基部相连，内线至外线间的前缘为黄白色边，后缘在内线至臀角间有黄白色边，外线黄白色，缘毛黄白色，后翅黄色，横脉纹黑色，亚端线为一黑色宽带，其中间断裂。老熟幼虫黑色，具灰黄色毛，毛疣暗色，刚毛顶端白色。白天隐蔽，夜间取食。

【生物学特性】呼市1年发生1代，8月为成虫期，成虫具有趋光性。

【防治方法】利用灯光诱杀成虫。

砌石篱灯蛾成虫

斑灯蛾

Pericallia matronula (Linnaeus, 1758)

鳞翅目　灯蛾科

【寄主植物】柳、忍冬。

【形态特征】成虫翅展62～92mm，头黑褐色，有红斑，胸红色，具黑褐色宽纵带；腹部红色，背、侧面各有黑点1列，亚腹面黑斑1列；前翅暗褐色，中室基部有黄斑1块，前缘区有黄斑3～4个，后翅橙色，横脉纹黑色、新月形，中室外黑斑1列。幼虫

斑灯蛾成虫

体暗褐色，毛簇红褐色。

【生物学特性】呼市1年发生1代，6～7月成虫期，成虫具趋光性。

【防治方法】

（1）在幼虫筑巢期人工捕杀幼虫。

（2）利用灯光诱杀成虫。

（3）幼虫期喷施1.2%的烟碱·苦参碱1000倍液。

红星雪灯蛾

Spilosoma punctarium (Stoll, 1782)

鳞翅目　灯蛾科

【寄主植物】桑、薄荷、甜菜、蒲公英等。

【形态特征】成虫翅展31～44mm，体白色，腹部除基部和端部外红色，腹背中央、侧面、亚侧面各有1列黑点；前翅或多或少布满黑点，点数不定，后翅中室端点黑色，黑色亚端点或多或少。幼虫体淡黑色，背线淡黄色。

【生物学特性】呼市1年发生1代，6～8月为幼虫期。

【防治方法】

（1）利用灯光诱杀成虫。

（2）幼虫期喷洒3%高渗苯氧威乳油3000倍液进行防治。

红星雪灯蛾雄虫

粉缘钻夜蛾

Earias pudicana (Staudinger, 1887)

鳞翅目　夜蛾科

【寄主植物】柳、杨。

【形态特征】成虫翅展20～21mm，头、胸粉绿色，下唇须粉褐色，腹部灰白色；前翅黄绿色，前缘从基部起2/3有白纹1条，中室有褐色圆点1个；后翅白色。卵近鱼篓形，咖啡色，表面具纵刻纹。幼虫头及前胸背板黑色，胴部背灰黄色，形成长圆形纵斑5个；亚背线紫色，第2、3、5、8腹节背面两侧各有紫黑色隆起，上生1毛，气门下线白色，胴部表面散生小颗粒，腹面灰

粉缘钻夜蛾成虫

白色。蛹体背面黑褐或略带绿色，无钩。

【生物学特性】呼市1年发生2代，以蛹在茧内于枯枝上越冬。翌年春天羽化为成虫，交尾产卵。7月为孵化盛期。幼龄幼虫以丝将枝梢的嫩叶缀连成筒巢，在内蛀食，7月下旬在巢内或至叶底隐蔽处结茧化蛹，8月初第2代成虫出现，成虫寿命约1周。

【防治方法】

（1）人工摘除幼虫卷缀的筒巢杀灭。

（2）设置灯光诱杀成虫。

（3）幼虫期喷洒1.2%的烟碱·苦参碱1000倍液。

榆剑纹夜蛾

Acronicta hercules

(Felder et Rogenhofer, 1874)

鳞翅目　夜蛾科

【寄主植物】榆树。

【形态特征】成虫翅展42～53mm，头、胸部灰色，腹部黄褐色；前翅灰褐色，基线、内线双线及环纹黑褐色，肾状中央黑色，肾、环纹间有1黑条，外线、亚外线锯

榆剑纹夜蛾成虫

齿形。幼虫老龄体长约45mm，扁圆，黄褐色，有蓝色闪光；前胸较细；腹节刚毛棕褐色，端部膨大；背线黑褐色，气门下方及腹面有成丛毛瘤，各具刚毛5～6根，第8腹节背面隆起。

【生物学特性】呼市1年发生1代，以老熟幼虫在树皮裂缝、树洞等处吐丝作茧化蛹越冬。翌年6～7月出现成虫，成虫趋光性强，卵分散单产于叶面。

【防治方法】

（1）冬季摘除越冬茧。

（2）灯光诱杀成虫。

（3）幼虫期喷洒20%除虫脲悬浮剂7000倍液。

桃剑纹夜蛾

Acronicta intermedia (Warren, 1910)

鳞翅目　夜蛾科

【寄主植物】桃、梨、梅、李、樱桃、杏、柳、榆。

【形态特征】成虫翅展40～48mm，头顶灰棕色，颈板有黑纹，腹部褐色；前翅灰色，基线前缘区黑线2条，基剑纹黑色、树枝形，内横线双线，暗褐色，波浪形外斜，外横线双线，外一线锯齿形；后翅白色，外横线微黑。幼虫老龄体长约43mm，头部棕黑色，背线黄色，亚背线由中央为白点的黑斑组成，气门上线棕红色，气门线灰色，气门下线粉红至橙黄色，腹线灰白色；第1、8腹节背有黑色锥形突起，上

桃剑纹夜蛾成虫

桃剑纹夜蛾幼虫

有黑色短毛，各节毛片上着生黄色至棕色长毛。

【生物学特性】呼市1年发生2代，以老熟幼虫在树干上啃皮为屑缀丝做粗茧化蛹越冬。5～6月间羽化，发生期不整齐，幼龄幼虫啃食叶片下表皮成纱网状，大龄幼虫食成孔洞和缺角。幼虫5月中下旬开始发生，为害至6月下旬，老熟幼虫开始吐丝缀叶于内结白色薄茧化蛹。7～8月为成虫期。成虫昼伏夜出，有强趋光性。

【防治方法】

（1）灯光诱杀成虫。

（2）幼虫期喷洒30%的噻虫胺悬浮剂2000倍液或1.2%的烟碱・苦参碱乳油1000倍液。

谐夜蛾

Acontia trabealis (Scopoli, 1763)

鳞翅目　夜蛾科

【寄主植物】甘薯、田旋花及长寿菜等旋花科蔬菜。

【形态特征】成虫体长8～10mm，翅展19～22mm。头部与胸部暗赭色，下唇须黄色，额黄白色，颈板基部黄白色；翅基片及胸部背面有淡黄纹；腹部黄白色，背面微带褐色；前翅黄色，中室后及A脉处各有1黑

谐夜蛾成虫

纵条伸至外横线，环纹与肾纹各为1个黑点，外横线黑灰色，较粗，自M_1至后缘，前缘区有4个小黑斑，顶角有1黑斜条为亚缘线前段，其后间断，在M_2处有1个小黑点，在臀角处有1条曲纹，缘毛白色，有一列小黑斑；后翅烟褐色。幼虫淡红褐色，第1、2对腹足退化。

【生物学特性】呼市1年发生2代，以蛹在土室内越冬。翌年7月中旬羽化为成虫，产卵于寄主幼嫩叶的背面，单产。初孵幼虫黑色，3龄后花纹逐渐明显。幼虫十分活跃，低龄幼虫啃食叶肉，形成小孔洞，3龄后沿叶缘食成缺刻，影响蔬菜质量。

【防治方法】利用黑光灯诱杀成虫。

瘦银锭夜蛾

Macdunoughia confusa (Stephens, 1850)

鳞翅目　夜蛾科

【寄主植物】大豆、母菊、甘蓝、胡萝卜等。

【形态特征】成虫体长11～13mm，翅展31～34mm。头部及胸部灰色带褐，颈板黄褐色；腹部灰褐色；前翅灰色带褐，散布黑色细点，内、外线间在中室后方红棕色，基线灰色外弯至1脉，内线在中室处不明显，中室后为银色内斜，2脉基部有一扁锭形银斑，外线棕色双线，后半线间银色，肾纹棕色，亚端线暗棕色，后半不明显，外侧带有棕色；后翅黄褐色，端区色暗。

【生物学特性】呼市1年发生2代，以蛹越冬。

【防治方法】秋冬季节利用黑光灯诱杀成虫。

瘦银锭夜蛾成虫

朽木夜蛾

Axylia putris (Linnaeus, 1761)

鳞翅目　夜蛾科

【寄主植物】繁缕属、缤藜属、车前属植物。

【形态特征】成虫体长11～12mm，翅展28～30mm。头顶及颈板褐黄色，额及颈板端部黑色，下唇须褐黄色，下缘黑色；胸背褐黄色杂黑色；腹部暗褐色；前翅淡褐黄色，中区布有黑点，前缘区大部带黑色，基线双线黑色，中室基部有2黄白纵线，内线双线黑色波浪形，环纹与肾纹中央黑色，外线双线黑色间断，外侧有双列

朽木夜蛾成虫

黑点，端线为1列黑点，内侧中褶及亚中褶处各1黑斑，缘毛有1列黑点；后翅淡褐黄色，端线为1列黑点。幼虫淡褐色，背线间断，亚背线为1列绿褐色斜斑，第4、5、9、10节明显，第11节有1褐色条。

【生物学特性】呼市1年发生3代。第1代幼虫发生于5月中旬至6月中旬，第2代发生于7月上旬至8月中旬，越冬代发生于9月中旬至10月上旬。幼虫共6龄。

【防治方法】

（1）利用黑光灯诱杀成虫。

（2）在幼虫为害期利用苏芸金杆菌200倍液进行喷雾防治。

围连环夜蛾

Perigrapha circumducta (Le-derer, 1855)

鳞翅目　夜蛾科

【寄主植物】刺槐、苹果、沙棘、枣树等。

【形态特征】成虫体长20mm。成虫头棕色杂灰白色，胸、前翅褐色，前翅前缘区、后缘区及端区大部带黑灰色。外横线前后端的外侧带黑灰色，中区带深棕色；内横线直，环、肾纹淡褐色，巨大，均与后方半圆形淡褐色斑相连，外横线外斜直M_1脉折向内斜，亚缘线不明显，前端内侧有黑短纹，后翅褐色。

围连环夜蛾成虫

【生物学特性】呼市1年发生1代，以蛹越夏及越冬。对沙棘树危害较重，对栽植的大果沙棘危害尤为严重，成虫善飞翔。

【防治方法】

（1）利用黑光灯诱杀成虫。

（2）利用幼虫群集为害习性，用20%氰戊菊酯2000倍液喷雾防治。

三叉地老虎

Agrotis trifurca (Eversmann, 1837)

鳞翅目　夜蛾科

【寄主植物】玉米、高粱、甜菜等作物。

【形态特征】成虫体长约20mm，翅展41～42mm。头、胸褐色。前翅褐色或淡褐带紫色；翅脉两侧浅灰色，尤其M脉及Cu_2、Cu_1、M_1；脉基半部明显。基线、内横线为双线黑色；剑纹窄，稍尖，黑边，外端连一黑色纵条；环纹扁，黑边；肾纹褐色，

三叉地老虎成虫

中央有黑褐色窄圈，黑边；环、肾纹间暗褐色；外横线黑褐色，锯齿形；亚缘线灰白色，锯齿形，两侧均有1列黑色齿形纹；缘线由1列三角形黑点组成。后翅褐黄色，外缘及脉褐色。腹部灰褐色。

【生物学特性】以幼虫在土壤中越冬。

【防治方法】利用黑光灯诱杀成虫。

干纹夜蛾

Staurophora celsia (Linnaeus, 1758)

鳞翅目　夜蛾科

【寄主植物】杂草。

【形态特征】成虫体长18～20mm，翅展40～46mm。体较粗壮，头、胸淡绿色，腹部黄褐色；触角淡黄褐色，颈板端、前胸后缘、翅基边缘、后胸毛丛深褐色；前翅淡绿略带粉色，翅基部有1褐斑，翅中部有1树干形棕褐横斑，翅外缘为棕褐色带，带的内侧有向内突起的角。后翅棕灰褐色。

【防治方法】利用灯光诱杀成虫。

干纹夜蛾成虫

客来夜蛾

Chrysorithrum amata

(Bremer et Grey, 1852)

鳞翅目　夜蛾科

【寄主植物】胡枝子。

【形态特征】成虫体长22～24mm，翅展64～67mm。头部及胸部深褐色；前翅灰褐色，密布棕色细点，基横线与内横线均白色外弯，线间深褐色，成1宽带，环纹为1黑色圆点，肾纹不显，中横线细，外弯，前端外侧色暗，外横线前半波曲外弯，至3脉返回并升至中室顶角，然后与中横线贴近并行至后缘，亚端线灰白，在4脉处明显内弯，外横线与亚端线间暗褐色，约呈“Y”字形；后翅暗褐，中部1橙黄曲带，顶角1黄斑，臀角1黄纹；腹部灰褐色。

【生物学特性】呼市1年发生1代，6～7月为成虫期。成虫具有趋光性。

客来夜蛾成虫

【防治方法】

（1）利用黑光灯进行诱杀成虫。

（2）幼虫期喷施20%除虫脲悬浮剂7000倍液。

蚀夜蛾

Oxytripia orbiculosa (Esper, 1799)

鳞翅目 夜蛾科

【寄主植物】鸢尾、蔷薇等。

【形态特征】成虫体长15～18mm，翅展37～44mm。头部及颈板黑褐色，颈板上有宽白条，下唇须下缘白色；胸部背面灰褐色；腹部黑色，各节端部白色；前翅红棕色或黑棕色，翅上有5条黑色横线，近基部的2条还伴以白线，端线为1列黑点，缘毛端部白色，近翅基有灰黑色环形纹，外围白色、黑色各1圈，翅中部有白色菱形纹，近外缘有具黑边的剑纹。后翅白色，端区有1黑褐色宽带，2脉及后缘区较黑褐。

【生物学特性】呼市1年发生1代，幼虫6～8月在土中为害植物根部，9～10月出现成虫。未腐熟的有机肥常诱致成虫产卵。

蚀夜蛾成虫

【防治方法】

（1）利用黑光灯诱杀成虫。

（2）幼虫为害期浇灌50%辛硫磷1500倍液或50%马拉硫磷乳油1500倍液。

宽胫夜蛾

Protoschinia scutosa
(Denis & Schiffermüller, 1775)

鳞翅目 夜蛾科

【寄主植物】艾属、藜属植物及草坪草。

【形态特征】成虫翅展31～35mm，成虫头、胸灰棕色；前翅灰白色，具棕褐色斑纹，基线黑色，内横线黑色，波浪形，剑形纹大，环状纹和肾形纹褐色、黑边，外横线黑褐色，外斜和折角内斜，亚缘线黑色、锯齿形，缘线为1列黑点；后翅黄白色。卵圆形，黄白色。幼虫头部褐绿色，具黑点；腹部深绿色，背线双线，黄绿色，气门线较宽，前胸和腹部各节具黑色

宽胫夜蛾成虫

毛瘤2排，中、后胸各具1排。蛹体褐色，纺锤形，臀棘4根，直而细长。

【生物学特性】幼虫食叶，5～8月成虫期，以蛹越冬。成虫具有趋光性。每雌产卵数百粒。

【防治方法】

（1）利用黑光灯诱杀成虫。

（2）幼虫期喷洒48%乐斯本乳油3500倍液。

斜纹夜蛾

Spodoptera litura (Fabricius, 1775)

鳞翅目　夜蛾科

【寄主植物】月季、菊花等。

【形态特征】雌成虫体长21～27mm，翅展38～48mm，体黑褐色；触角丝状，灰黄色，复眼黑褐色；前翅黑褐色，外缘锯齿状，从顶角斜向后缘有2条黄褐色带搭成长“人”字形，中脉较粗，黄褐色，后翅灰黄色，外缘灰黑色，翅脉明显浅黄色。雄成虫体长17～23mm，翅展32～40mm，体灰褐色；触角丝状，灰黑色，复眼黑色，前翅深黑褐色，外缘钝锯齿状，从顶角斜向后缘有4条黄褐色纹线搭成双线长“人”字形。卵近圆球形，直径约0.8mm，黑绿色。幼虫初孵时体黑绿色，长约1.5mm，后变为灰黑、黑绿、黄褐和褐黑色，老熟幼虫体长32～50mm，头黑褐色，背线灰褐色。蛹长15～24mm，初期青绿色，后成深红褐色，臀棘2根。

斜纹夜蛾幼虫

【生物学特性】呼市1年发生1代，以蛹潜藏于草丛或表土层中越冬。6～7月出现成虫，趋光性强。8～9月为幼虫为害盛期，10月中下旬幼虫化蛹越冬。高温少雨的年份经常暴发成灾，可在短期内将大片草坪或园林植物毁坏殆尽。

【防治方法】

（1）冬季及时清除杂草及耕翻土地，消灭潜藏其中的越冬蛹，以减少虫源。

（2）成虫羽化期安装黑光灯诱杀成虫。

（3）幼龄幼虫为害期喷洒微生物农药Bt乳剂500倍液或20%除虫脲悬浮剂7000倍液。

甘蓝夜蛾

Mamestra brassicae (Linnaeus, 1758)

鳞翅目　夜蛾科

【寄主植物】丝棉木、紫荆、桑、柏、松、杉等。

【形态特征】成虫体长约22mm，翅展约45mm；体灰褐色，前翅肾形斑灰白色，环形斑灰黑色，沿外缘有黑点7个，下方有白色点2个，前缘近端部有白点3个；后翅灰白色。卵半球形，浅黄色，顶部有棕色乳突1个，其表有网格。幼虫老龄体长28～37mm，体色随虫龄增加有异，初孵幼虫灰黑色，3龄前淡绿色，4龄后深褐色；头部黄褐色，具不规则褐色花斑，胸和腹背褐色；老龄体背面褐色，有倒“八”字形黑线，腹部黄褐色，背、侧面有不规则灰白斑纹，背线、亚背线、气门下线灰白色，气门线暗褐色，气门下线纵带直通到臀足上，第8腹节气门比第7腹节约大1倍。蛹体赤褐色，臀棘2个。

【生物学特性】呼市1年发生2～3代，以蛹在土中越冬。翌年5月成虫羽化，日伏夜出，以晚9～11时活动最盛，趋光性强。卵产在叶片背面，块状，每块卵数不等，卵期约5天。幼虫共6龄，初孵幼虫群居为害，3龄后分散为害。该虫发育最适宜温度为18～25℃，相对湿度为75%，因此，在条件适宜的春、秋两季为害严重。

【防治方法】

（1）在幼虫为害期喷洒Bt乳剂500倍液防治。

（2）保护和利用赤眼蜂、姬蜂、广大腿小蜂、马蜂、步甲等天敌。

甘蓝夜蛾成虫

裳夜蛾

Catocala nupta (Linnaeus, 1767)

鳞翅目　夜蛾科

【寄主植物】柳、杨、苹果。

【形态特征】成虫头、胸褐灰色，腹灰褐色；前翅褐灰色，基线黑色，内横线黑色而锯齿形外弯，肾形纹内缘褐色，外缘锯齿形，前方有黑褐纹1条，外横线黑色锯齿形，亚缘线灰白色，缘线黑色衬白点；后翅红色，有黑色弯曲中带1条。幼虫体灰、褐色，有黑点，第5、8腹节各有突起1个。

裳夜蛾

裳夜蛾成虫

【生物学特性】呼市1年发生1代，以幼虫在树干裂缝和枯枝落叶中越冬。成虫吸食苹果果汁，7～8月为成虫期，趋光性强。

【防治方法】设置灯光诱杀成虫或人工杀灭在树干上静伏的成虫。

光裳夜蛾

Catocala fulminea (Scopoli, 1763)

鳞翅目　夜蛾科

【寄主植物】梨、山楂、槲。

【形态特征】前翅内横线内方色暗，内横线前半部外侧具一灰色斜带，肾状纹灰色，外侧有几个黑齿纹，外横线在2脉处内突至肾纹后，回旋成勺形，外侧具1褐线，亚端线灰色；后翅黄色，中带及端带黑色，端带在亚中褶处窄缩，亚中褶有1黑棕条达中带；腹部褐灰色。

光裳夜蛾成虫

【防治方法】利用黑光灯诱杀成虫。

缟裳夜蛾

Catocala fraxini (Linnaeus, 1758)

鳞翅目　夜蛾科

【寄主植物】柳、杨、榆等。

【形态特征】成虫体长38～40mm，翅展87～90mm；头胸灰白色杂有黑褐色，颈板中部有1黑纹，端部黑色，腹部背面黑色。节间紫蓝色，腹面白色；前翅灰白色，密布黑色细点，基横线黑色，内横线双线黑色波浪形，肾状纹灰白色，中央黑色，后方有一黑边的白斑，一模糊黑线自前缘脉至肾纹，外侧另一模糊黑线，锯齿形达后缘，外横线双线黑色锯齿形，亚端线灰白色锯齿形，两侧衬黑色，端线为1列新月形黑点，外缘黑色波浪形；后翅黑棕色，中

缟裳夜蛾成虫

带粉蓝色，外缘黑色波浪形，缘毛白色。幼虫体灰褐色，有黑点，第5、8腹节背面有尖突。

【防治方法】利用黑光灯诱杀成虫。

杨枯叶蛾

Gastropacha populifolia (Esper, 1783)

鳞翅目　枯叶蛾科

【寄主植物】杨、柳、李、梨。

【形态特征】雄虫翅展38～63mm，雌虫翅展54～96mm；体、翅黄褐或橙黄色，前翅窄长，内缘短，有黑色断续的波状纹5条；后翅有明显的黑色斑纹3条。卵椭圆形，灰白色，有黑色斑纹，覆盖灰黄绒毛。幼虫头棕褐色，较扁平，体灰褐，中、后胸背面有蓝黑色斑1块，斑后有赤黄色横带，第8腹节背有大瘤1个，第11腹节背有瘤突，背中线褐色，侧线成倒“八”字形黑褐纹，体侧各节有褐色毛瘤1对，各瘤上方为黑色“V”形斑。

【生物学特性】呼市1年发生1代，以幼龄幼虫在干、枝或枯叶中越冬。翌年4月幼虫开始活动；6月在干、枝上作茧化蛹；7月初成虫开始羽化，有趋光性，产卵于枝叶上，每雌产卵200～300粒；7月孵化，卵期约12天。

【防治方法】

（1）秋冬季节修剪刮除树皮，消灭越冬幼虫。

（2）人工摘除卵块。

杨枯叶蛾成虫

（3）成虫期设置黑光灯诱杀成虫。

（4）于3龄幼虫发生期，喷洒50%辛硫磷乳油或40%毒死蜱乳油1000倍液，防治效果明显。

苹枯叶蛾

Odonestis pruni (Linnaeus, 1758)

鳞翅目　枯叶蛾科

【寄主植物】蔷薇、苹果、李、梅、桃等。

【形态特征】成虫翅展37～51mm，雌虫比雄虫大。全身赤褐色或橙褐色；前翅内横线、外横线弧形，外缘线较细、深褐色，呈不太明显的波纹形，中室有1个明显白斑，外缘线黑褐色锯齿状。后翅色较浅，2条横线深褐色不太明显。卵短椭圆形，初产时稍带绿色，后变为白色，卵表面中间灰白色。老熟幼虫体长50～60mm，头灰色，胸、腹部青灰色或茶褐色。体扁平，两侧缘毛较长，腹部第1节两侧各生一束蓝紫色长毛，第2节背面有蓝黑色横列短毛

苹枯叶蛾成虫

丛，第8节背面有一瘤状突起。气门筛黄白色，围气门片黑色。

【生物学特征】呼市1年发生1代，以幼龄幼虫在树皮缝上或枯叶内越冬。虫体颜色近似树皮，不易被发现。5月上中旬越冬代幼虫化蛹，化蛹前先在小树枝上或树皮缝内结茧。5月中下旬越冬代成虫羽化。成虫昼伏夜出，具趋光性。羽化后6～8小时即可交尾，再经4～6小时即产卵。卵多散产在树枝和树叶上。第1代卵在5月下旬孵化，孵化率约为70%。幼虫主要取食叶肉，有时亦吃叶脉，最喜食幼芽。老熟幼虫耐饥饿能力强，断食4天多仍可成活。7月中旬幼虫老熟并吐丝结茧，7月下旬出现成虫并产卵。第2代卵在8月上旬孵化，9月中下旬老熟幼虫吐丝结茧，10月中旬出现成虫并产卵。第3代卵在10月下旬孵化，11月中旬以2～3龄幼虫在树皮缝隙或树干上越冬。

【防治方法】

（1）冬季结合整形修剪刮除树皮，清理枯叶，杀灭越冬幼虫。

（2）成虫发生期用黑光灯诱杀，或用性诱剂诱杀。

（3）幼虫发生期喷施1.2%烟碱·苦参碱乳油1000倍液。

黄褐天幕毛虫

Malacosoma neustria (Linnaeus, 1758)

鳞翅目　夜蛾科

【寄主植物】杨、柳、杏、李、山桃、榆叶梅、黄刺玫、油松、落叶松等。

【形态特征】雄蛾翅展15～33mm，雌蛾翅展31～46mm。成虫雌雄异形，雌性褐色，雄性黄褐色，前翅中部均有深褐色横线2条，线间为褐色宽带。卵灰白色，圆筒形。环绕树枝成顶针状排列。幼虫初孵时体黑色，老熟时体长达55mm，头灰蓝色，有黑斑2个，背中线白色，亚背线、侧线及气门上线橙黄色，第1和最末腹节背面有大黑斑1对，腹末前节4斑，其余各节杂斑。蛹体黄褐色，长约25mm。茧淡黄色，椭圆

黄褐天幕毛虫成虫

黄褐天幕毛虫未孵化卵环

黄褐天幕毛虫老熟幼虫

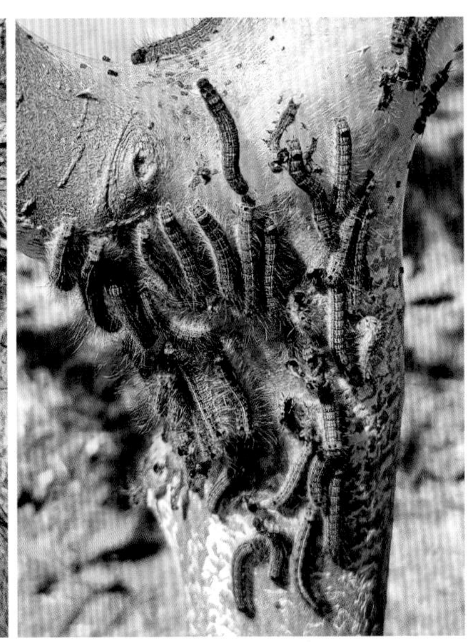
黄褐天幕毛虫幼虫网幕聚集

黄褐天幕毛虫已孵化卵环

黄褐天幕毛虫幼虫分散取食

形，外被有白粉。

【生物学特性】呼市1年发生1代，以卵越冬。翌年4月底至5月上旬幼虫孵化。幼虫群食嫩叶，吐丝做巢，稍大后在树杈间结网幕群集于内，危害嫩芽、叶片，昼伏夜出。5～6月老熟幼虫在卷叶或两叶间结茧化蛹，蛹期10～15天；6月中旬羽化、产卵。成虫趋光性强。

【防治方法】

（1）秋、冬及早春剪除卵环并销毁。

（2）人工捕杀幼虫。

（3）保护和利用赤眼蜂、黑卵蜂等天敌昆虫和鸟类。

（4）幼虫发生严重时可喷洒1.2%烟碱·苦参碱乳油1000倍液或30%塞虫胺悬浮剂2000倍液。

油松毛虫

Dendrolimus tabulaeformis

(Tsai et Liu, 1962)

鳞翅目　枯叶蛾科

【寄主植物】油松、赤松、黑松、樟子松。

【形态特征】成虫雌性翅展70～90mm，雄性翅展50～70mm，体灰白、灰褐或赤褐色，前翅中线及外横线白色，亚外缘斑列黑色呈三角形。卵椭圆形，长约1.8mm，淡绿色，后呈粉红、紫褐色。幼虫老熟时体长80～90mm，第2、3胸节背面丛生黑色毒毛，各节黑蓝色毛束明显，体侧有长毛和浅色纵带。蛹体纺锤形。茧灰白色，附有幼虫毒毛。

【生物学特性】呼市1年发生1代，以2～3龄幼虫在干基土壤浅层、石块下及落叶层中越冬。3月上旬越冬幼虫开始活动，陆续爬向树冠，阳坡早于阴坡，4月下旬上树结束。幼虫8～9龄，6月为幼虫老龄期，为害最烈；6月中旬在叶间结茧化蛹；7月初出现成虫，多在晚间羽化，趋光性强。卵产于针叶上，每雌产卵240～600粒不等。卵约经10天孵化。

油松毛虫成虫

【防治方法】

（1）用阻隔法防止幼虫早春上树，如在树干上粘围塑料环。

（2）用灯光或性诱剂诱杀成虫。

（3）卵期释放赤眼蜂和黑卵蜂。

（4）在幼虫期幼龄期喷洒白僵菌液或3%高渗苯氧威乳油3000倍液进行防治。

枣桃六点天蛾

Marumba gaschkewitschii

(Bremer et Grey,1853)

鳞翅目　天蛾科

【寄主植物】桃、梨、苹果、杏、梅、葡萄、核桃、蜡梅、地锦等。

【形态特征】成虫体长约42mm，翅展约115mm，灰褐至紫褐色；前翅有褐色带3条，近臀角处有黑紫色斑1个；后翅粉红色，臀角有黑紫色斑2个，卵黄绿色。幼虫老熟时体长约80mm，黄绿色，腹节有黄白色斜纹；尾角较长，体表有明显的黄白色粒点；尾角较长，生于第8腹节背面。蛹体黑褐色。

【生物学特性】呼市1年发生1～2代，以蛹在土中越冬。5～6月成虫羽化，有趋光性。夜间交尾产卵，卵散产在枝条和树皮裂缝中，卵期约7天。7～9月为1代幼虫为害期，6～10月为2代幼虫为害期。9月后幼

枣桃六点天蛾成虫

虫老熟入土化蛹并在其内越冬。

【防治方法】

（1）利用黑光灯诱杀成虫。

（2）人工挖除越冬蛹，减少越冬虫源。

（3）发生严重时，喷洒Bt乳剂500倍液毒杀幼虫。

红节天蛾

Sphinx ligustri (Linnaeus, 1758)

鳞翅目 天蛾科

【寄主植物】水蜡、丁香等。

【形态特征】成虫体长34～41mm，翅展80～88mm。头灰褐，颈板及肩板外侧灰粉

红节天蛾成虫

色；胸部背面棕黑色，后胸背有成丛的黑基白梢鳞毛；腹部背线有较细的黑纵条，其余各节前半部粉红色，后半部为黑色环；前翅基部色浅，内、中横线不显，外横线呈棕黑波状纹，中室有较细的纵横交叉黑纹。后翅烟黑色，基部粉褐色，中央有较宽的浅粉色宽带。

【生物学特性】呼市1年发生1代，以蛹越冬。

【防治方法】

（1）秋冬季节人工挖蛹，消灭虫源。

（2）设置黑光灯诱杀成虫。

（3）在幼虫期喷洒30%的噻虫胺2000倍液或1.2%的烟碱・苦参碱1000倍液。

榆绿天蛾

Callambulyx tatarinovi

(Bremer et Grey, 1853)

鳞翅目 天蛾科

【寄主植物】榆、卫矛、柳、杨。

【形态特征】成虫体长20～35mm；头绿色，两触角间有白纹相连；胸背两侧淡绿色；腹背绿色，各腹节后缘具白边；前翅绿色，内、外线深绿色，不规则弯曲，后缘及翅基部色浅，臀角黑色短纹4条，翅顶角白纹内斜；后翅鲜红色，外缘绿色，前、后缘白色，臀角有暗色横线。卵球形，淡绿至灰绿色。幼虫初龄体粉绿色，头大，胸细，颗粒白色；老龄时体长58～67mm，绿色或黄绿色，头近三角形，体密生淡黄色颗粒；胸部小环节明显；每腹节

榆绿天蛾成虫

各有横皱褶7个，腹侧有较大颗粒排列的黄白斜纹7条；尾角紫绿色，直，有白色小颗粒。体色分2个色型：绿色型，全体绿色，颗粒黄白色，斜纹紫褐色，气门黄褐色，腹足下缘横带淡黄色；赤斑型，全体黄绿色，颗粒白色，斜纹橘红色，气门黄色，腹足下缘横带棕褐色。

【生物学特性】呼市1年发生2代，以蛹在土中越冬。翌年6月成虫羽化，成虫趋光性强，单产卵于叶片。幼虫6～7月出现2次，9月老龄幼虫入土化蛹越冬。

【防治方法】

（1）秋冬季翻土、锄草，消灭越冬虫源。

（2）利用成虫趋光性，用黑光灯诱杀成虫。

（3）保护和利用螳螂、茧蜂等天敌。

（4）选择在低龄幼虫时期防治，喷洒1.2%烟碱·苦参碱乳油1000倍液防治。

蓝目天蛾

Smerinthus planus (Walker,1856)

鳞翅目　天蛾科

【寄主植物】柳、杨、榆、梅、苹果、核桃、海棠、李、杏、樱桃等。

【形态特征】成虫体长约36mm，翅展80～90mm，灰黄色；前翅狭长，翅面有波浪纹，中室有浅色新月形斑1个；后翅浅灰褐色，中央紫红色，有深蓝色大圆斑1个，其周围为黑色环。卵椭圆形，有光泽。老龄幼虫长约90mm，黄绿色；头绿色，近三角形，两侧色淡黄；胸部青绿色，各节有细横褶；前胸有横排的颗粒状突起6个，中胸

蓝目天蛾成虫

蓝目天蛾幼虫

有小环4个，每环上左右各有大颗粒状突起1个，后胸有小环6个，每环也各有大颗粒状突起1个，腹部黄绿色；黄白色小粒点。蛹体黑褐色。

【生物学特性】呼市1年发生2代，以蛹在土中越冬。翌年4月下旬至5月上旬出现成虫，刺槐开花，杨花飞絮期为羽化盛期。成虫有趋光性，将卵产在叶背，卵期约15天。初孵幼虫分散取食叶片，大龄幼虫食量猛增，地面可见大粒绿色虫粪。7月中下旬至8月上旬为第2代成虫期，8～9月为幼虫为害期，10月上中旬开始越冬。

【防治方法】

（1）人工挖除越冬蛹，消灭越冬虫源。

（2）黑光灯诱杀成虫。

（3）保护和利用天敌。

（4）发生严重时喷施1.2%烟碱·苦参碱乳油1000倍液防治。

葡萄天蛾

Ampelophaga rubiginosa

(Bremer et Grey,1853)

鳞翅目 天蛾科

【寄主植物】葡萄、五叶地锦、黄荆等。

【形态特征】成虫体长31～43mm，翅展72～91mm。体翅赭褐色至紫红色；体背自前胸到腹端有灰白色纵线；前翅顶角较突出，各横线都为暗茶褐色；后翅黑褐色，基部颜色更暗，外缘及臀角附近各有茶褐色横带1条，缘毛色稍红。卵球形，直径1.5mm左右，表面光滑，淡绿色，孵化前淡黄绿色。老熟幼虫体长80mm左右，绿色，背面色较淡，体表布有横条纹和黄色颗粒状小点；头部有2对近于平行的黄白色纵线，分别位于蜕裂线两侧和触角之上，均达头顶；胸足红褐色，基部外侧黑色，端部外侧白色，基部上方各有1黄色斑点，前、中胸较细小，后胸和第1腹节较粗大。化蛹前有的个体呈淡茶色。

【生物学特性】呼市1年发生1代，以蛹在土中或落叶下越冬。翌年5月中旬羽化，6月上中旬进入羽化盛期。成虫有趋光性，夜间活动。多在傍晚交配，交配后卵多散产于嫩梢或叶背。幼虫白天静止，夜晚取食叶片，受触动时从口器中分泌出绿水。7月中旬入土化蛹，蛹具薄网状膜，常与落叶黏附在一起。7月底至8月初可见第1代成虫，为害较严重时，常把叶片食光；进入9月下旬，幼虫入土化蛹越冬。

【防治方法】

（1）加强养护管理，及时清扫枯枝落

葡萄天蛾成虫

叶，保持良好的通风透光条件。

（2）秋冬季人工挖除越冬蛹。

（3）可设置黑光灯、频振式杀虫灯诱捕成虫。

（4）利用幼虫受惊易掉落的习性，人工捕杀幼虫。

（5）在幼虫期喷洒30%的噻虫胺2000倍液或1.2%的烟碱·苦参碱乳油1000倍液。

女贞天蛾

Kentrochrysalis streckeri
(Staudinger,1880)

鳞翅目　天蛾科

【寄主植物】女贞、丁香、白蜡。

【形态特征】成虫翅展53～65mm，翅灰褐色，间有白色鳞毛；前翅长40mm，中、内、外横线均呈单线锯齿状纹，不明显，中室端有小白点，缘毛黑白相间；后翅有相连的深色横带1条，无斑纹。

女贞天蛾成虫

【生物学特性】呼市1年发生1代，以蛹在土中越冬。成虫趋光性强。蛹通过腹部末端的臀棘左右摆动而向前移动。

【防治方法】

（1）秋冬季翻土、锄草，破坏越冬蛹，以减少虫源。

（2）利用黑光灯诱杀成虫。

黄脉天蛾

Laothoe amurensis sinica
(Rothschild & Jordan,1903)

鳞翅目　天蛾科

【寄主植物】杨、柳、桦、锻。

【形态特征】雌蛾体长33～44mm，翅展89～92mm；雄蛾体长32～46mm，翅展88～92mm。触角棕灰色，主干背面白色；雌蛾触角细栉齿状，雄蛾较粗，双栉齿状；胸背及翅基部被毛，蓬松且较长；雌蛾腹末锐尖，雄蛾腹末盾圆；前翅外缘波状，斑纹不明显，内、中、外横线棕黑色波状，

黄脉天蛾成虫

体、翅棕灰色，翅脉黄色而明显，前翅内、外横线模糊，中横线较明显，翅中部有较宽的褐色横带，停息时后翅前半部露出前翅前缘外，侧背片发达。

【生物学特性】呼市1年发生1～2代，以蛹越冬。成虫个体大，飞行距离远，趋光性强。该虫4～5龄幼虫食叶量较大，常将杨树幼林叶片食光，严重影响树木生长。

【防治方法】

（1）利用黑光灯诱杀。开灯时间在晚9～11时，诱集量较大。

（2）保护和利用赤眼蜂防治等天敌。

深色白眉天蛾

Hyles galli (Rottemburg, 1775)

鳞翅目　天蛾科

【寄主植物】猫儿眼。

【形态特征】成虫体长30～35mm，头及肩板两侧有白绒毛，胸部背面褐绿色；腹部两侧有黑白环斑；前翅前缘墨绿色，顶角至后缘近基部有1污黄色斜带，斜带外侧黑色，外缘线黄褐色；后翅基部黑色，中部污黄横带，外侧黑带，外缘线黄色，后缘内有白斑，斑的内侧有暗红斑。

深色白眉天蛾成虫

【生物学特性】呼市1年发生2代，以蛹在土中越冬。成虫具有趋光性。

【防治方法】

（1）秋冬翻土、锄草，破坏越冬蛹。

（2）利用成虫趋光性，设置黑灯光诱杀成虫。

八字白眉天蛾

Hyles lineata livornical (Esper, 1779)

鳞翅目　天蛾科

【寄主植物】沙枣、葡萄属、酸模属、锦葵科植物。

【形态特征】成虫体长25～30mm，翅展75～80mm。头胸两侧有白条，前胸背白绒毛呈“八”字形斑，腹部1～3节两侧有黑、白环斑，背中及两侧有银白点，各节间有棕、白环；前翅前缘茶褐色，顶角至后缘近基部有倾斜淡黄色带；斜带下方有较宽的褐绿色带；外缘灰白，翅脉黄白色；中室端有近三角形白斑1个；后翅基部黑色，前缘污黄色，中央有暗红色带；亚前缘线黑带状；臀角内侧有白斑。卵短椭圆形，绿色。幼虫背面绿色，密布白点，胸腹两侧各有1条白纹，腹面为淡绿色，尾角较细，背面为黑色，上有小刺。刚孵化的幼虫体色为灰白色，取食后体色变为浅绿色，与叶片颜色相一致，成熟幼虫为淡紫红色。

八字白眉天蛾成虫

【生物学特性】呼市1年发生1～2代，以蛹在土壤中越冬。翌年5月中旬成虫羽化，6月上旬为幼虫盛发期，6月下旬幼虫入土化蛹。第2代幼虫7月中下旬盛发，8月间入土化蛹越冬。成虫趋光性强。

【防治方法】

（1）人工挖蛹，以减少虫源。

（2）设置黑光灯诱杀成虫。

（3）幼虫期喷洒30%的噻虫胺2000倍液或1.2%的烟碱·苦参碱乳油1000倍液 。

合目天蚕蛾

Saturnia boisduvalii (Eversmann, 1846)

鳞翅目　天蚕蛾科

【寄主植物】栎、椴、榛、胡枝子、核桃、楸等落叶植物。

【形态特征】成虫翅展75～95mm，头黄褐色，雄虫触角长双栉形、污黄色，雌虫栉齿形、黄褐色。体被暗红褐色鳞毛，颈板灰白色，胸部后端色较淡。雄虫触角粗短、羽毛状；雌虫触角较雄虫细长。前翅前缘褐色杂有白色鳞片，内、中横线淡褐色，外横线黄褐色，亚外缘线外侧各脉间暗褐色，形成波浪状的外缘线。全翅分成明显的3个区，中区色较浅，外区及内区色较深；眼状纹圆形，外圈为黑色，其内侧有1个半月形白色鳞片区，中间鳞片棕色。前翅顶角有1个黑斑，外横线为黄棕色宽带，内侧由白色鳞片构成白边。后翅与前翅基本相同。雄虫颜色比雌虫深，个体较小。

【生物学特性】呼市1年发生1代，以卵越冬。翌年5月中旬越冬卵开始孵化，6月下旬停食，7月上旬化蛹，7月下旬结茧，8月下旬出现成虫，成虫趋光性较强。

【防治方法】

（1）人工捕杀幼虫。

（2）利用黑光灯诱杀成虫。

（3）在幼虫期喷施3%高效氯氰菊酯微囊悬浮剂1000倍液进行防治。

合目天蚕蛾成虫

山楂粉蝶

Aporia crataegi (Linnaeus, 1758)

鳞翅目　粉蝶科

【寄主植物】苹果、梨、山楂、杏、樱桃等。

【形态特征】成虫翅展64～76mm，体黑色，翅白色，翅脉黑色。幼虫体略呈圆筒形，胸、腹面紫灰色，两侧灰白色，体节有黑点。卵黄色，瓶形。幼虫头部黑色，体腹面为蓝灰色，背面黑色，两侧具黄褐色纵带，气门上线为黑色宽带，体被软毛。老熟幼虫体长40～45mm。蛹分为黑蛹型和黄蛹型。

【生物学特性】呼市1年发生1代，以幼龄幼虫群集在虫巢内越冬。翌年早春群集为害叶芽、花蕾。4～5龄幼虫具假死性老熟幼虫在树下或杂草及秸杆上化蛹。7月中旬幼虫发育至2～3龄，即吐丝将叶片缀合成巢，群集越冬。

山楂粉蝶成虫

山楂粉蝶蛹

山楂粉蝶蛹幼虫

【防治方法】

（1）人工摘除卵块、蛹、虫巢等。

（2）保护和利用茧蜂等天敌。

（3）幼虫期喷洒1亿～2亿孢子/mL的白僵菌悬浮液喷雾防治或3%高效氯氰菊酯微囊悬浮剂1000倍液进行防治。

云粉蝶

Pontia edusa (Fabricius, 1777)

鳞翅目　粉蝶科

【寄主植物】草本花卉。

【形态特征】成虫翅展35mm～55mm，雄性前翅正面白色，顶角至外缘脉有浅色斑，顶端部斑纹大而清楚。雌性后翅反面的斑纹呈三角形或圆形，不呈条形。幼虫圆筒形，体背有2条黄色纵纹，体躯各节有许多小黑点。

【生物学特性】呼市1年发生数代，以蛹越冬。3月上旬开始羽化，4月上旬出现第1代幼虫，5月和9月为盛发期。初孵幼虫先吃掉卵壳，然后取食叶片。低龄幼虫在寄主叶背取食叶肉，仅留上表皮。3龄后蚕食整

云粉蝶幼虫

云粉蝶成虫

个叶片成缺刻或孔洞。

【防治方法】

（1）人工捕杀成虫。

（2）保护和利用赤眼蜂、绒茧蜂等天敌。

（3）幼虫期喷洒100亿孢子/mL的Bt乳剂500倍液。

菜粉蝶

Pieris rapae (Linnaeus, 1758)

鳞翅目　粉蝶科

【寄主植物】甘蓝等十字花科植物、大丽花等菊科植物。

【形态特征】成虫翅展约48mm，体黑色，有白色绒毛，前后翅为白粉色，前翅近外缘有2个黑斑。幼虫体青绿色，背中线为黄色细线，体表密布黑色瘤状突起。卵长瓶形，表面有网纹。蛹纺锤体，初为青绿色，后为灰褐色。

【生物学特性】呼市1年发生4代，以蛹越冬。3月下旬为羽化盛期，4月上中旬出现第1代幼虫。夏季为严重危害期，低龄幼虫仅啃食叶肉，留下一层透明的表皮。3龄后可蚕食整个叶片，严重影响植株生长发育。

【防治方法】

（1）人工摘除越冬虫蛹，捕杀成虫。

（2）保护和利用姬蜂、绒茧蜂等天敌。

（3）幼虫期喷洒100亿孢子/mL的Bt乳剂500倍液。

菜粉蝶成虫

斑缘豆粉蝶

Colias erate (Esper, 1805)

鳞翅目　粉蝶科

【寄主植物】胡枝子、皂荚等。

斑缘豆粉蝶成虫

【形态特征】成虫翅展约53mm。雄蝶翅黄色；雌蝶有近白色的个体，前后翅外缘黑色部分较雄蝶宽。前后翅外缘黑带宽窄个体间差异甚大，内有3～5个黄色斑列，中室端有1个黑色斑。后翅正面外缘的黑纹多成列，中室有1个橙红色不规则斑点。前翅反面中室内褐色点斑3个，后翅反面满布褐色点纹。春型蝶，翅面黑色部分不发达，其后翅有小黑点。

【生物学特性】呼市1年发生2代，以幼虫在寄主基部越冬。幼虫取食量不大。

【防治方法】

（1）秋冬季节做好养护管理，及时清理枯枝落叶。

（2）发生严重时期喷洒100亿孢子/mL的Bt乳剂500倍液。

白钩蛱蝶

Polygonia c-album (Linnaeus, 1758)

鳞翅目 蛱蝶科

【寄主植物】榆属、柳属、荨麻属等植物。

【形态特征】翅展49～55mm，中、小型。翅色、外形变化较大。春型翅面黄褐色，夏型色艳体大，秋型翅红褐色，前翅外缘的角突顶端浑圆。前翅外缘黑褐色，中室内有2个黑褐斑。后翅反面有“L”形银色纹，秋型尤醒目。卵长圆柱形，直径0.6～0.7mm，高0.7mm，绿色画带白色纵脊10条，孵化孔在顶部。孵化前卵壳变黑，孵化后变为白色。幼虫共5龄，幼虫体暗褐色，带有黄褐色纵纹，头上具两条黄色黑色枝刺，胸足深黄色，体节具乳白色明显

白钩蛱蝶成虫（背面观）

白钩蛱蝶成虫（腹面观）

白钩蛱蝶老熟幼虫

细横纹。

【生物学特性】在呼市1年2代，以悬蛹在枝条越冬。幼虫成虫世代交替。

【防治方法】

（1）人工摘除越冬蛹，集中销毁。

（2）保护和利用异色瓢虫等天敌。

（3）幼虫为害期可喷洒3%高效氯氰菊酯微囊悬浮剂1000倍液进行防治。

多眼灰蝶

Polyommatus eros
(Ochsenheimer, 1808)

鳞翅目　灰蝶科

【寄主植物】各种草本植物。

【形态特征】小型灰蝶，成虫翅展约33mm，雌雄异型。雄蝶翅紫蓝色，前后翅外缘有黑边，后翅外缘翅室端有黑斑；腹面灰褐色，基部、中室端、中域、亚缘、外缘有黑斑，缘毛白色。雌蝶暗褐色，沿翅外缘点有橙红色斑，前后翅各6个，后翅中室端斑常有白色放射状三角形斑纹围绕，亚缘斑及外缘斑间有橙色斑。

【生物学特性】成虫多见于6～7月。喜访花，多生活在草地环境。

【防治方法】

（1）冬季做好清园修剪工作，减少越冬虫源。

（2）成虫高峰期进行人工捕捉。

（3）低龄幼虫期喷洒20%灭幼脲1号胶悬剂1000倍；虫口密度大时可喷洒3%高效氯氰菊酯微囊悬浮剂1000倍液进行防治。

多眼灰蝶成虫（腹面观）

多眼灰蝶成虫（背面观）

红珠灰蝶

Lycaeides argyrognomon (Bergstrasser, 1779)

鳞翅目 灰蝶科

【寄主植物】豆科植物。

【形态特征】成虫翅展约29mm，雄蝶翅深蓝色，雌蝶翅黑褐色，前后翅外缘黑带与内侧黑点愈合，且黑带内有橙色斑。翅的反面，前翅中室有短椭圆形黑斑，后翅臀黑斑具有蓝色鳞片。

【生物学特性】呼市1年发生2～3代，以卵越冬。

红珠灰蝶雌成虫（腹面观）

红珠灰蝶雌成虫（背面观）

【防治方法】秋冬季节及时清理田园，破坏越冬卵。

蛇眼蝶

Minois dryas (Scopoli, 1763)

鳞翅目 眼蝶科

【寄主植物】结缕草等禾本科植物。

【形态特征】成虫翅展55～65mm，体翅黑褐色。前翅基部1条脉明显膨大，中室外端有2个黑眼纹，瞳点青蓝色；后翅近臀角有1极小黑色眼状纹，外缘波状，翅反面色

蛇眼蝶成虫（腹面观）

蛇眼蝶成虫（背面观）

略淡，前翅2枚眼纹明显较正面大，具棕黄圈；后翅由前缘中部至臀角处有1条不太清晰的弧形白带；前后翅亚缘区有1条不规则黑条纹，缘线黑色，缘毛黑褐色。雌性个体眼纹明显较雄性大，色略淡。翅反面，前翅顶角、外缘具白色鳞片。

【生物学特性】呼市1年发生1代，以2龄幼虫越冬。成虫多活动于草丛、灌木丛，因个体较大，飞行时容易与眼蝶科其他种区分。喜访花，发生期7～8月。

【防治方法】利用该虫以幼虫越冬的特点，抓住此时期，喷洒10%吡虫啉可湿性粉剂2000倍液或1.2%烟碱·苦参碱乳油1000倍液。

三、蛀干害虫

烟扁角树蜂

Tremex fusciconis (Fabricius, 1787)

膜翅目　树蜂科

【寄主植物】杨、柳、榆、桦、梨、杏、桃等。

【形态特征】雌成虫体长16～43mm，翅展18～46 mm；前胸背板、近圆形的中胸背板、产卵管鞘红褐色；足节黑、黄色相间；腹部第2、3、8节及第4～6节前缘黄色，其余黑色。雄虫体长11～17mm，具金属光泽；胸、腹部黑色，腹部各节呈梯形；足节部分红褐色；翅淡黄褐色，透明。卵长1～1.5mm，椭圆形，微弯曲，前端细，乳白色。幼虫体长12～46mm，圆筒形，乳白色；头黄褐色，胸足短小不分节，腹部末端褐色。雌蛹长16～42mm，雄蛹长11～17mm，乳白色；头部淡黄色。

烟扁角树蜂成虫

烟扁角树蜂成虫为害状

【生物学特性】呼市1年发生1代，以幼虫在树干蛀道内越冬。翌年3月中下旬开始活动，老熟幼虫4月下旬开始化蛹，5月下旬至9月初为盛期。成虫于5月下旬开始羽化，8月下旬至10月中旬为盛期。羽化后1～3天交尾、产卵。卵多产在树皮光滑部位和皮孔处的韧皮部和木质部之间，产卵处仅留下约0.2mm的小孔及1～2mm圆形或梭形、乳白色而边缘略呈褐色的小斑。每产卵槽平均孵出9条幼虫，形成多条虫道，各时期均可见到不同龄级的幼虫。老熟幼虫多在边材10～20mm处的蛹室化蛹。成虫寿命7～8天，每雌产卵13～28粒，卵期28～36天，6月中开始孵化，幼虫4～6龄，12月开始越冬。

【防治方法】

（1）选育抗虫树种，营造混交林，加强林木抚育管理。清除林内被害木和衰弱木。对被害木和衰弱木应及时加工或浸泡于水中，以杀死木材内幼虫。对于新采伐木材应及时剥皮或运出林外。

（2）设置饵木诱集成虫产卵，待幼虫孵化盛期及时剥皮处理。

（3）保护和利用褐斑马尾姬蜂、螳螂、灰喜鹊等天敌。

（4）成虫羽化盛期用2.5%溴氰菊酯乳油5000倍液或3%高效氯氰菊酯微囊悬浮剂1000倍液进行喷干防治。

梨金缘吉丁虫

Lampra limbata (Gebler, 1841)

鞘翅目　吉丁科

【寄主植物】梨、苹果、沙果等树种。

【形态特征】成虫体长16～18mm，翠绿色，有金属光泽；前胸背板有蓝黑色纵线5条，中间一条明显；鞘翅上由10余条蓝黑色断续纵纹组成的纵沟，两缘各具红色纵边。卵长椭圆形，初产时黄白色，后渐加深。老熟幼虫体长约36mm，全体扁平，黄白

梨金缘吉丁虫成虫

色，前胸显著宽大，背板黄褐色，中央具“人”字凹纹，腹部细长，各节呈长方形。蛹体长13～18mm，初为黄白色，后变深褐色，梭形。

【生物学特性】呼市2年发生1代，以各龄幼虫在干枝蛀道内越冬。翌年春天越冬幼虫开始危害，蛀食树干及侧枝，蛀孔为扁圆形，4月下旬开始化蛹，5月下旬成虫开始羽化，羽化孔扁圆形。6月中旬成虫飞出，7月为盛期，成虫取食叶片，有假死性。7月中下旬为产卵盛期，卵多产于皮缝中，卵期12～16天，8月初为孵化盛期。幼虫孵化后钻入树皮。9月后幼虫陆续越冬。

【防治方法】

（1）利用成虫假死性，在羽化期的早晨人工捕杀成虫。

（2）保护和利用幼虫天敌寄生蜂。

（3）成虫飞出前向枝干喷洒10%吡虫啉可湿性粉剂1000倍液，飞出后喷洒1.2%烟碱・苦参碱乳油1000倍液。

光肩星天牛

Anoplophora glabripennis

(Motschulsky, 1853)

鞘翅目　天牛科

【寄主植物】杨、榆、柳、糖槭等园林树种。

【形态特征】成虫体长20～35mm、宽8～12mm，体黑色而有光泽；触角鞭状，12节；前胸两侧各有刺突1个；鞘翅上各有大小不同、排列不整齐的白或黄色绒斑约20个，鞘翅基部光滑无小颗粒，体腹密生蓝灰色绒毛。卵乳白色，长椭圆形，长6～7mm，两端略弯曲。幼虫老熟时体长约50mm，白色；前胸背板后半部色深，呈“凸”字形斑，斑前缘全无深褐色细边，前胸腹板后方小腹片褶骨化程度不显著，前缘无明显纵脊纹。蛹体纺锤形，乳白至黄白色，长30～37mm。

【生物学特性】呼市1年发生1代，以幼虫越冬。越冬的老龄幼虫翌年直接化蛹，预蛹期平均22天，蛹期平均20天。成虫羽化

光肩星天牛幼虫

光肩星天牛蛀道

光肩星天牛羽化孔

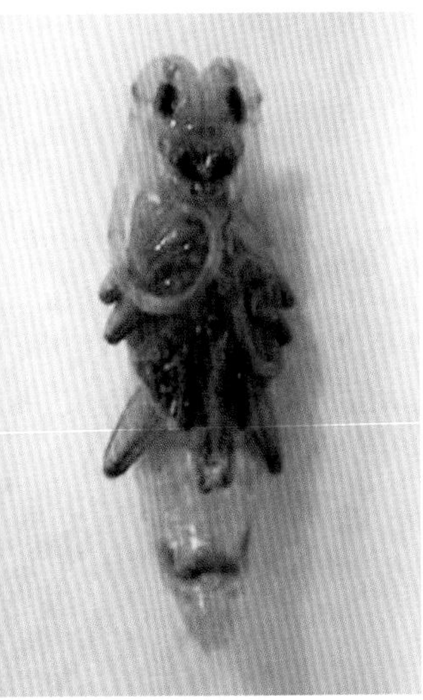

光肩星天牛蛹

光肩星天牛产卵刻槽

光肩星天牛成虫

后在蛹室停留约10天才能从干内飞出，羽化孔均在侵入孔上方。蛀道深达树干中部，弯曲无序，褐色粪便及蛀屑从产卵孔排出，为害轻时降低木材质量，严重时能引起树木枯梢和风折；成虫寿命3～66天，平均31天，取食树叶和细枝，每雌产卵30粒左右，每刻槽产卵1粒，卵期约11天。

【防治方法】

（1）加强抚育管理，增强树势，提高树木抗病虫能力。

（2）在成虫发生期，组织人工捕杀。对树冠上的成虫，可利用其假死习性振落后捕杀，也可在晚间利用其趋光性诱集捕杀。

（3）人工杀灭虫卵。在成虫产卵期或产卵后，检查树干，寻找产卵刻槽，用刀将被害处挖开；也可用锤敲击，杀死卵和幼虫。

（4）药剂防治。

涂白。秋、冬季至成虫产卵前，树干涂白粉剂按比例混配好，涂于树干基部，防止产卵，可加入多菌灵、甲基托布津等药剂防腐烂，做到有虫治虫、无虫防病。

喷药防治。成虫发生期喷洒3%高效氯氰菊酯微囊悬浮剂1000倍液。

虫孔注药。幼虫危害期，进行打孔注药，也可浸药棉塞孔，然后用黏泥堵住虫孔。

桃红颈天牛

Aromia bungii (Faldermann, 1835)

鞘翅目　天牛科

【寄主植物】桃、杏、樱桃、梅、柳、杨、栎、柿、核桃等。

【形态特征】成虫体长28～37mm，体黑色发亮；前胸棕红色或黑色，密布横皱，两

桃红颈天牛成虫交尾

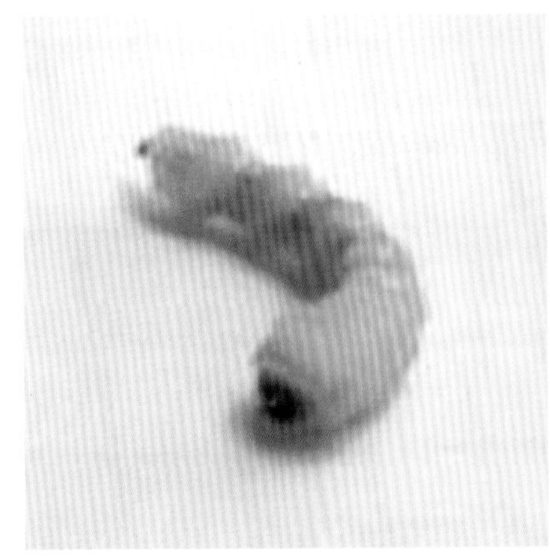

桃红颈天牛幼虫

桃红颈天牛幼虫排粪

侧各有刺突1个，背面有瘤突4个，鞘翅表面光滑。卵长卵形，长6～7mm，初白色，后绿色。幼虫老熟时体长42～52mm，乳白色，长条形；前胸最宽，背板前半部横列黄褐斑4块，体侧密生黄细毛，黄褐斑块略呈三角形；各节有横皱纹。蛹长约35mm，乳白色，后黄褐色。

【生物学特性】呼市2年发生1代，以幼虫在寄主枝干内越冬。6月中旬至7月中旬为成虫羽化盛期，羽化后的成虫在蛀道内停留几天，再外出活动。卵期7天左右，幼虫孵化后蛀入韧皮部，当年不断蛀食到秋后，并越冬。翌年惊蛰后活动为害，直至木质部，逐渐形成不规则的迂回蛀道，老龄幼虫在秋后越第2个冬天、第3年春季继续为害，于4～5月化蛹，蛹期20天左右。

【防治方法】

（1）成虫羽化之前，可在树干和主枝上涂刷白涂剂。

（2）成虫发生盛期，可进行人工捕捉。

（3）保护和利用天敌，释放肿腿蜂。

（4）用棉花蘸取药液塞入排粪孔中，并用黏土封口防治幼虫。

（5）成虫期喷洒3%高效氯氰菊酯微囊悬浮剂1000倍液。

红缘天牛

Anoplistes halodendri (Pallas, 1776)

鞘翅目　天牛科

【寄主植物】枣、梅、榆叶梅、文冠果、槐、怪柳、枸杞、糖槭、锦鸡儿、白榆、茉莉等。

红缘天牛成虫

【形态特征】成虫体长约18mm，狭长，黑色，体背有小刻点；鞘翅基部各有一朱红色斑，外缘有朱红色线带1条。卵扁椭圆形，土黄色。幼虫老熟时体长约22mm，乳白色，前胸背板前半部骨质化明显，其上有褐色短刚毛。蛹体离蛹型，褐色。

【生物学特性】呼市1年发生1代，以幼虫在蛀道内越冬。翌年春季幼虫为害，不向干外排粪，从外观不易见到危害状。5～6月成虫羽化，补充营养后交尾产卵，卵期约10天。初孵幼虫先蛀食皮层，在韧皮部取食为害，一直到10月气温下降后蛀入木质部越冬。

【防治方法】

（1）在成虫期人工捕杀效果极佳，尤其在交尾期。

（2）成虫产卵前期，树干及主枝涂刷白涂剂（生石灰10份、硫黄1份、水40份）或石灰水，防止产卵。

（3）成虫期可喷洒3%高效氯氰菊酯微囊悬浮剂1000倍液防治。

锈色粒肩天牛

Apriona swainsoni (Hope, 1840)

鞘翅目　天牛科

【寄主植物】槐、女贞、柳。

【形态特征】成虫体长31～42mm、宽9～12mm，栗褐色，被棕红色绒毛和白色绒毛斑；雌体触角与体等长，雄体触角略长于体长；前胸背板中央有大型颗粒状瘤突，前后横沟中央各有白斑1个，侧刺突基部附近有白斑2～4个；小盾片舌型，基部有白斑，鞘翅基部有黑褐色光亮的瘤状突起，翅面上有白色绒毛斑数十个；中足胫节具有较深的斜沟；雌体腹末节一半露出鞘翅外，腹板端部平截，背板中央凹入较深；雄体腹末节不露出，背板中央凹入较浅。卵长椭圆形，略扁，长约2mm，前端较细，略弯曲，黄白色。幼虫体圆管形，乳白色，微黄；老龄时体长约76mm，宽10～14mm，头小，上下唇浅棕色，颚片褐色；

锈色粒肩天牛成虫

锈色粒肩天牛幼虫

锈色粒肩天牛危害状

锈色粒肩天牛排出木屑

前胸宽大，背板较平，其骨化区近方形，前胸腹板中前腹片的后区和小腹片上的小颗粒较为稀疏，显著突起成瘤突。前胸及第1～8腹节侧方各着生椭圆形气孔1对；胸足3对。蛹体纺锤形，长约42mm，黄褐色，触角达后胸部，末端卷曲；羽化前各部位逐渐变为棕褐色。

【生物学特性】该虫是在呼市外进苗木复查检疫中发现的害虫，目前在呼市未能完成生活史。该虫在北方地区2年完成1代，以幼虫在树皮下和木质部蛀道内越冬。槐树萌动时越冬幼虫苏醒，5月中旬幼虫先在蛹室上方2～3cm处咬一圆形但不透表皮的羽化孔，头部朝上，幼虫老熟化蛹。6月中旬女贞始花时成虫羽化出孔。成虫不善飞翔，啃食枝梢嫩皮，补充营养，造成新梢枯死。雌性成虫先在树干上寻找合适裂缝，用口器将裂缝处咬出一道浅槽，深约1cm，再将臀部产卵器对准浅槽产卵，初孵化幼虫垂直蛀入边材，并将粪便排出，悬挂于排粪孔处，在蛀入5mm深时，沿枝干最外年轮的春材部分横向蛀食，然后又向内蛀食，稍大蛀入木质部后有木丝排出，向上蛀纵直虫道，虫道长15～18cm，大龄幼虫亦常在皮下蛀入孔的边材部分为害，形成不规则的片状虫道，横割宽度可达10cm以上，蛀道多为“Z”字形。幼虫期历时22个月，蛀食危害期长达13个月，造成侧枝或整株枯死，是一种危害性较大的蛀干害虫。

【防治方法】

（1）严格检疫，防止人为传播。

（2）羽化期人工捕捉成虫

（3）灯光诱杀成虫。

（4）保护和利用花绒寄甲等天敌。

（5）幼虫期向虫道内插入磷化锌毒签或磷化铝药片熏杀，成虫期喷施3%高效氯氰菊酯微囊悬浮剂1000倍液防治。

双条杉天牛

Semanotus bifasciatus
(Motschulsky, 1875)

鞘翅目　天牛科

【寄主植物】圆柏、侧柏、杜松等。

【形态特征】成虫体长约16mm，圆筒形，略扁，黑褐或棕色；前翅中央及末端有黑色横宽带2条，带间棕黄色，翅前端为驼色。卵长约1.6mm，长椭圆形，白色。幼虫老熟时体圆筒形，略扁，体长约15mm，乳白色；触角端部外侧有细长刚毛5～6支。蛹长约15mm，淡黄色。

【生物学特性】呼市1年发生1代，以成虫在被害枝干内越冬。翌年4月上旬成虫出蛰，产卵于长势较弱的植株树皮裂缝处。5月份幼虫孵化，在皮层与木质部间蛀食为害，形成弯曲不规则坑道。6月上旬为害严重。9～10月在蛀道内化蛹，成虫羽化越冬。

【防治方法】

（1）加强水、肥等养护管理，增强树

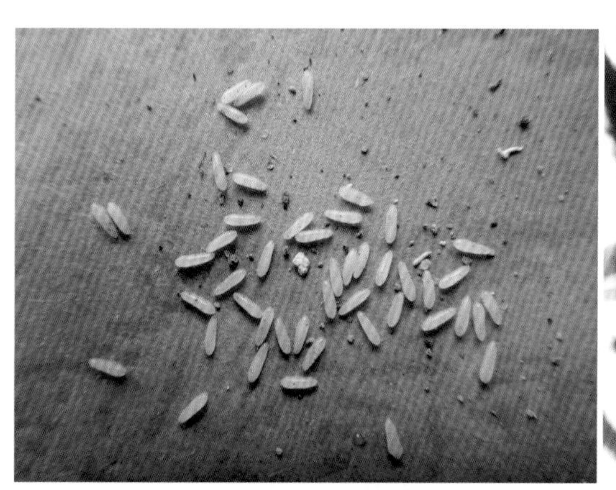

双条杉天牛卵粒

双条杉天牛雌成虫产卵

双条杉天牛羽化孔

双条杉天牛蛀道

双条杉天牛成虫（左雌右雄）

木抗虫能力。

（2）及时清除带虫死树或枯枝，消灭虫源木。

（3）4月初在林外堆积饵木诱杀成虫。

（4）保护和利用天牛肿腿蜂、棕色小蚂蚁等天敌。

（5）向排粪孔或打孔注射3%高渗苯氧威乳油防治幼虫；成虫期喷洒 3%高效氯氰菊酯微囊悬浮剂1000倍液。

芫天牛

Mantitheus pekinensis (Fairmaire, 1889)

鞘翅目 天牛科

【寄主植物】油松、白皮松、圆柏、刺槐、白蜡等。

【形态特征】成虫雌雄异型；雌体长18～21mm、宽5～6.5mm，外形很像芫菁，黄褐色；触角较细，长度不超过腹部，柄节粗短，第3～10节近于等长，相当于柄节的3倍长；鞘翅短，仅达腹部第2节，每翅有纵脊线4条，后翅缺；腹部膨大，不为鞘翅所覆盖。雄体长和体色与雌体相似，较窄，鞘翅覆盖整个腹部，翅中脉不明显，有后翅；雄虫触角较粗扁，长度超过体长。卵椭圆形，长约3mm，最宽处约1mm，先淡绿色，后变淡黄色，卵排列成片块状。幼虫初孵时体略呈纺锤形，体长约3mm，乳白色，体表有白色细长毛，胸足3对，发达，腹足退化，能爬行；老熟幼虫体长筒形，略扁，长约30mm，白色略带黄色。蛹长约25mm，白色略带黄色，腹部

芫天牛雌成虫

芫天牛雄成虫

芫天牛蛀孔

颜色稍暗，触角及胸足色稍淡，略透明。

【生物学特性】呼市2年发生1代，以幼虫在土中越冬。6月末至7月初老熟幼虫开始化蛹，8月中旬至9月下旬成虫羽化，卵多产于树干2m以下的翘皮缝下，成片块状，每块几十粒至数百粒不等。9月幼虫开始孵出，不久幼虫即爬或落至地面，钻入土中咬食细根根皮和木质部，切断根的韧皮部和导管，伤口流胶变黑，造成根部前端死亡，影响根系吸水和养分的输导，造成树势衰弱，易引诱其他天牛、小蠹等次期害虫寄生为害，加速树木的死亡。幼虫至少在土中为害2年。

【防治方法】

（1）清除松、柏类名木古树附近的刺槐等杂树，减少虫害，利于古树生长。

（2）成虫羽化期人工捕杀成虫。

（3）成虫产卵期在树干上绑缚塑料密闭环阻隔成虫上树产卵，人工击杀塑料环内卵块或刮除死翘皮下的卵块。

（4）幼虫孵化期绕树干基部喷洒3%高渗苯氧威乳油1000倍液。

多带天牛

Polyzonus fasciatus (Fabricius,1781)

鞘翅目　天牛科

【寄主植物】杨、柳、刺槐、松、柏、玫瑰、菊花。

【形态特征】成虫体长15～18mm，头、胸部黑蓝色、光泽鲜艳；前胸背板有不规则皱缩，着生圆锥形侧刺突1对；鞘翅蓝黑色，被白色短毛及刻点，中央有明显的黄色横带2条，每条横带上有相互平行的淡黄色纵带4条。中、后胸腹面密被灰白色绒毛。卵扁椭圆形，黄白至灰白色。幼虫体圆筒形，橘黄色，头部黄褐色，前胸背板略呈方形，中央有纵脊1条，第1～7腹节背有明显步泡突。蛹体黄色，后胸背板中央有淡黑色“||”形纹。

【生物学特性】呼市2年发生1代，以幼虫在干内越冬。6月中旬成虫羽化，8月下旬出现初孵幼虫，翌年幼虫在干内活动1年并再次越冬，第3年6月化蛹，羽化成虫。成

多带天牛成虫

虫对蜜源植物趋性很强，喜群集取食，卵多散产于1～2年生玫瑰枝条基部1.5～5cm处的向阳面，每雌产卵约30粒，卵期31～47天。幼虫先环行上蛀，后向下回蛀至根颈处和根部，根部可蛀30cm以上，蛀道光滑，虫粪全部排出蛀道外，后期留在蛀道内。在根颈处蛀道内化蛹，蛹期11～16天。

【防治方法】

（1）人工捕杀成虫。

（2）树干用磷化铝片封闭熏蒸，杀灭幼虫。

（3）释放蒲螨寄生虫体。

（4）成虫期喷洒3%高效氯氰菊酯微囊悬浮剂1000倍液。

杨柳绿虎天牛

Chlorophorus motschulskyi (Ganglbauer)

鞘翅目　天牛科

【寄主植物】柳、杨、槐、苹果。

【形态特征】成虫体长9～13mm，细长，黑褐色，被有灰色绒毛；头布粗刻点，头顶光滑，触角基瘤内侧呈角状突起；前胸背板球形，密布刻点灰白绒毛外，中区有细长竖毛和黑色毛斑1个，除鞘翅有灰白色条斑，基部沿小盾片及内缘有向后外方弯斜成狭细浅弧形条斑1个，肩部前后小斑2个，鞘翅中部稍后为一横条，其靠内缘一端较窄，外端较宽。

【生物学特性】呼市1年发生1代，以幼虫在蛀道内越冬。翌年3月开始活动，5月化蛹，6月成虫开始羽化，卵散产于枯立木或槐树干部腐烂处，孵化幼虫向干内钻蛀弯曲蛀道。

杨柳绿虎天牛成虫

【防治方法】

（1）加强树木养护管理，提高抗虫力。

（2）清除和销毁严重被害木。

（3）成虫期喷洒3%高效氯氰菊酯微囊悬浮剂1000倍液。

曲牙锯天牛

Dorysthenes hydropicus (Pascoe, 1857)

鞘翅目　锯天牛亚科

【寄主植物】柳、枫杨、水杉等。

【形态特征】成虫体长25～47mm、宽10～16mm；棕栗色至栗黑色，略带金属光泽；触角和足呈棕红色；头部向前突出，微向

曲牙锯天牛成虫

下弯，中央有一条细纵沟，口器向下，上颚呈长刀状，上颚左右互相交叉，向后弯曲，基部与外侧刻点紧密。雌虫触角长接近鞘翅中部；雄虫触角超过鞘翅中部，第3～10节的外端角突出，呈宽锯齿状，触角基瘤宽大；前胸背板宽大于长，前缘中央凹陷，胸部表面密被刻点，以两侧较粗，中区两侧微呈瘤状突起，中央有一条浅的细纵沟，中、后胸腹板密生棕色毛；小盾片舌状，基部两侧密被刻点；雌虫腹基中央呈三角形，雄虫腹端末节后缘被有棕色细毛，中央微凹。卵长椭圆形，乳白色。幼虫体粗大，呈圆筒形，向后端稍狭，白色；头近方形，向后稍宽，后缘中央浅凹；前胸背板后半部有白色颗粒状突起，排列略呈长方形；老熟幼虫体长可达75mm。

【生物学特性】呼市1年发生1代，以老熟幼虫越冬。翌春老熟幼虫在土中化蛹；蛹室离地面约5～6cm。5月中旬成虫羽化，羽化后成虫仍留在土中；5～6月闷热、雷雨天气后，成虫大批出土，交尾产卵。卵产在较潮湿的草坪上或苗圃中杂草较多的地方。幼虫栖于土中，食害寄主根茎，可造成草坪成片枯萎，一直为害到11月。幼虫期有绿僵菌寄生。

【防治方法】

（1）雷雨后成虫大量出土时，进行人工捕捉。

（2）利用成虫趋光性，设置灯光诱杀成虫。

（3）在土壤中施用绿僵菌对幼虫有致死作用，效果明显。

（4）可喷施50%杀螟松乳油1000倍液，或泼浇在草坪上防治，或5%辛硫磷防治。

臭椿沟眶象

Eucryptorrhynchus brandti

(Harold,1881)

鞘翅目 象虫科

臭椿沟眶象幼虫为害

【寄主植物】臭椿、千头椿。

【形态特征】成虫体长9.0～11.5mm，黑色，头部刻点小而浅；前胸背板几乎全部白色，刻点几乎无或小而浅；鞘翅坚厚，肩部和后端部几乎全为白色，刻点粗大而密，前端两侧各有1个刺突。卵长圆形，黄白色。幼虫体长约15mm，乳白色。蛹为裸蛹，黄白色。

【生物学特性】呼市1年发生1代，以幼虫在干内或成虫在树干周围2～20cm深的土层内越冬。以成虫在树干周围土层内越冬者出土较早，4月下旬开始出土为害，4月下旬至5月中旬为盛发期。以幼虫越冬者，5月越冬幼虫化蛹，6～7月成虫羽化，7月为羽化盛期，8月产卵、孵化。虫态很不整齐。成虫有假死性，产卵前取食嫩梢、叶片和叶柄等补充营养，为害约1个月便开始产卵。产卵前先用口器咬破树皮，产卵于其中，并用将其推到树皮内层。卵期约8天，孵化幼虫咬食皮层，稍长大后即钻入木质部为害，蛀孔为圆形，老熟后在坑道内化蛹，蛹期约12天。

【防治方法】

（1）严格检疫，不得调运和栽植带虫苗木。

（2）及时伐除受害严重的植株，减少虫源。

（3）利用成虫多在树干上活动、假死和不善于飞翔等习性，人工捕杀成虫。

（4）成虫期可喷洒绿色威雷200倍液。

臭椿沟眶象成虫

臭椿沟眶象成虫交尾

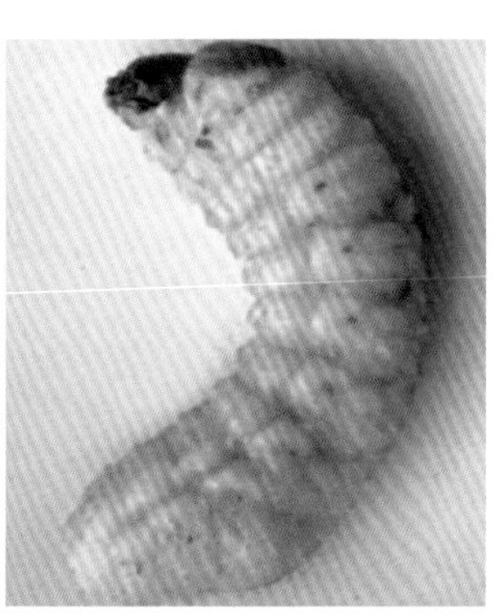

臭椿沟眶象幼虫

日本双棘长蠹

Sinoxylon japonicum (Lesne,1895)

鞘翅目　长蠹科

【寄主植物】槐、刺槐、柿、栾树、白蜡等。

【形态特征】成虫体长约4.6mm，圆筒形，两侧平直，具有淡黄色短毛，黑褐色；触角10节；鞘翅黑褐色，后端急剧向下倾斜，斜面合缝两侧有刺状突起1对。卵长椭圆形，长约0.4mm，白色，半透明。幼虫蛴螬形，稍弯曲，乳白色，胸足3对，老熟时体长约4mm。蛹初为白色，近羽化时头、前胸背板及鞘翅黄色。

日本双棘长蠹成虫

日本双棘长蠹幼虫蛀道

【生物学特性】呼市1年发生1代，以成虫在枝条蛀道内越冬。翌年4月初槐树开始发芽时，被害枝上部衰弱不发芽，4月下旬成虫飞出，蛀入被害的弱枝内食害和产卵，一个弱枝上常有几处被蛀入作母坑道，幼虫也在枝内蛀食，将木质部蛀成白色碎末状。6月上旬开始化蛹，羽化为成虫，食料充足时仍在蛀道内取食。7～8月成虫飞出，10月后成虫开始蛀入约2cm粗的健壮枝条内，横向环行蛀食木质部，形成一环状蛀道，切断树木养分和水分的输导。

【防治方法】

（1）冬季彻底剪除和处理带虫枝及风折枝。

（2）提高幼树栽植质量，加强养护管理，增强树木抗虫性。

（3）成虫期喷施3%高效氯氰菊酯微囊悬浮剂1000倍液。

果树小蠹

Scolytus japonicus (Chapuis,1875)

鞘翅目　小蠹科

【寄主植物】榆、山桃、杏、苹果、梨、樱桃、榆叶梅等。

【形态特征】成虫体长2～2.5mm，头黑色，前胸背板和鞘翅黑褐色，有光泽，翅后部

果树小蠹为害桃树

果树小蠹幼虫及成虫

果树小蠹羽化孔

有毛列；背板刻点深大，背中部疏散，前缘和两侧稠密，沟间部刻点比刻点沟中者疏少，无背中线，尾端圆钝；鞘翅茸毛仅发生在后半部。幼虫体白色，蛴螬型。

【生物学特性】呼市1年发生2代，以幼虫在坑道内越冬，5月下旬至6月下旬成虫羽化，多侵入衰弱木，偶尔侵入健康木。母坑道为单纵坑，长10～30mm，子坑道出自母坑道的弓突面，然后呈放射状散开，长达100mm。

【防治方法】

（1）加强树木的养护管理，从根本上提高树木的抗虫能力，伐除并烧毁严重被害木。

（2）利用性引诱捕杀成虫。

（3）在幼虫为害期结合树木浇水用5%吡虫啉乳油500倍液灌根，成虫羽化盛期喷洒3%高效氯氰菊酯微囊悬浮剂1000倍液。

脐腹小蠹

Scolytus schevyrewi (Semeno,1902)

鞘翅目　小蠹科

【寄主植物】柳、榆。

【形态特征】成虫体长3.2～4.2mm；头黑色，触角黄至黄褐色；前胸背板前、后缘红褐色，中间黑褐色，上有刻点；鞘翅红褐至黑褐色，少数在鞘翅1/2～3/4处有深色横带1条，侧、后缘微锯齿形，胸部两侧、腹板黑色；第2腹节腹板向上极度收缩，与第1腹板呈钝角，第2腹板中部瘤突黑色，端部宽扁；足红褐色，有黄褐色绒毛。卵椭圆形，初白色，半透明，后乳白至乳黄色。幼虫老龄体长4.8～7.5mm，头壳乳黄色，后部缩入前胸内。蛹体长3.5～

脐腹小蠹蛀孔　　脐腹小蠹危害状　　脐腹小蠹羽化孔

4.8mm，乳白色，腹背后缘有角突1对，第3～7腹节突起大而明显。

【生物学特性】呼市1年发生2～3代，世代重叠，以老熟幼虫在树干内越冬。翌年4月化蛹和羽化，产卵于母坑道壁，卵期3～5天。幼虫5龄，幼虫期18～25天。6月第1代幼虫化蛹，蛹期5～7天，7月成虫羽化。第2代幼虫部分越冬，部分化蛹、羽化，进入第3代。成虫寿命和产卵期长，成虫喜于衰弱枝干的皮层蛀孔，于韧皮部与木质部间蛀母坑道，母坑道在侵入孔上方韧皮部内，单纵坑，长40～90mm，幼虫于垂直母坑道方向蛀食子坑道，子坑道垂直于母坑道，后上下延伸或弯曲交叉，常造成树枝或成株干枯死亡，完成1代需40～45天。

【防治方法】

（1）加强林木抚育，增强树势，提高树体抗性。

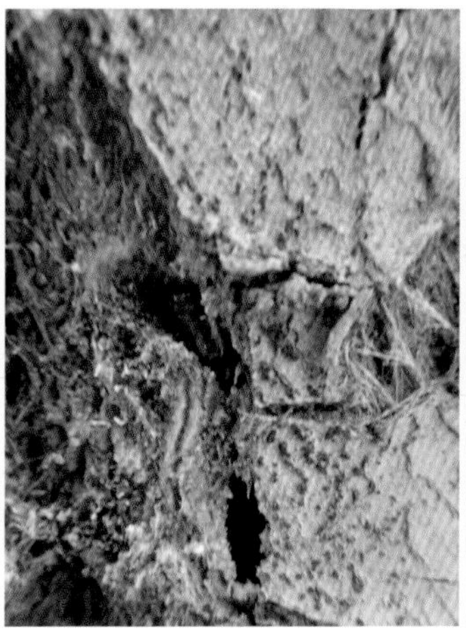

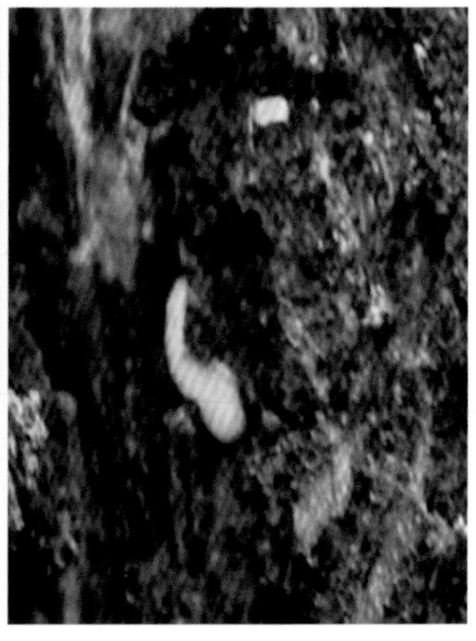

脐腹小蠹成虫　　脐腹小蠹成虫为害榆树　　脐腹小蠹幼虫

（2）结合树木修剪，彻底清除有虫枝、衰弱枝、新死木和留桩，进行集中处理。

（3）保护和释放天敌。

（4）成虫出现时可喷施25%吡虫啉可湿性粉剂1500倍液，半月喷一次，喷2～3次。

油松梢小蠹

Cryphalus tabulae formis

(Tsai et Li, 1963)

鞘翅目 小蠹科

【寄主植物】油松。

【形态特征】成虫体长约2mm，椭圆形，黑褐色；前胸背板与鞘翅同色，有光泽；口器上片边缘茸毛稠密下垂，触角锤状部外面的3条横缝平直；雄虫额上部有横向隆起；背板前缘有颗瘤4～6枚，中间2枚较大，前部颗瘤单生，散布，颗瘤间散布细颗粒，背顶强烈突起；鞘翅刻点沟不凹陷，沟间部宽阔。卵长椭圆形，白色，半透明，表面光滑。幼虫老龄体长约2mm，乳白色，肥胖，微弯。蛹体长2mm，初乳白色，后黄褐色。

【生物学特性】呼市1年发生3代，主要以幼虫，其次以成虫在幼年生枝干皮层内越冬，个别以蛹越冬。翌年4月越冬幼虫开始化蛹，5月出现成虫。其余2代成虫始发期分别为8月中下旬和9月中旬，盛发期为9月上中旬。

【防治方法】

（1）加强林木养护，特别是新移植树，增加抗虫力。

（2）及时清除严重被害木。

（3）利用性引诱剂诱杀成虫。

（4）成虫期可喷洒3%高效氯氰菊酯微囊悬浮剂1000倍液。

油松梢小蠹蛀道

油松梢小蠹为害

油松梢小蠹腹部

油松梢小蠹背部

小线角木蠹蛾

Holcocerus insularis (Staudinger, 1892)

鳞翅目　木蠹蛾科

【寄主植物】白蜡、柳、槐、银杏、丁香、海棠、榆叶梅等。

【形态特征】成虫翅展38～72mm，灰褐色；前翅灰褐色，满布弯曲的黑色横纹，翅基及中部前缘有暗区2个，前缘有黑色斑点8个。卵为卵圆形，乳白至褐色。幼虫体初孵时粉红色；老熟时扁圆筒形，腹面扁平，长约35mm，头部黑紫色，前胸背板有大型紫褐色斑1对，胸、腹部背板浅红色，有光泽，腹节腹板色稍淡，节间黄褐色。蛹体暗褐色，体稍向腹面弯曲。

【生物学特性】呼市2年发生1代，以幼虫在枝干木质部内越冬。6～9月为成虫发生期，成虫羽化时将蛹壳半露在羽化孔外。卵单产或成堆块状产于树皮缝中，幼虫孵化后蛀食韧皮部，常常几十至几百头群集

小线角木蠹蛾蛀孔及蛀道

小线角木蠹蛾幼虫

在蛀道内为害，蛀道相通，造成树木千疮百孔，蛀孔外面有用丝连接的球形虫粪，一段时间后蛀入木质部为害。

【防治方法】

（1）成虫期利用灯光和性引诱剂进行诱杀。

（2）保护和利用姬蜂、白僵菌和病原线虫等天敌。

（3）幼虫期树干注射3%高渗苯氧威乳油，成虫期喷洒1.2%烟碱・苦参碱乳油800～1000倍液防治。

芳香木蠹蛾东方亚种

Cossus cossus orientalis (Gaede, 1929)

鳞翅目　木蠹蛾科

【寄主植物】柳、杨、榆、槐、桦、白蜡、栎、核桃、香椿、苹果、梨、沙棘、槭。

【形态特征】成虫体长24～37mm，翅展49～86mm，灰褐色；触角单栉齿状；雌虫前胸后缘具淡黄色毛丛线，雄虫则稍暗，胸腹部体粗壮；前翅中室至前缘灰褐

色，翅面密布黑色线纹。卵椭圆形，长约1.2mm，灰褐色，粗端色稍浅，表面满布黑色纵脊，脊间具刻纹。老龄幼虫体暗紫红色，略具光泽，侧面稍淡，腹节间淡紫红色，体长58～90mm，前胸背板上有较大的“凸”字形黑斑。

【生物学特性】呼市2年发生1代，跨3年。当年幼虫在树干蛀道内越冬，第2年秋老熟幼虫离干入土结土茧越冬。第3年5月在土茧内化蛹，蛹期20～25天，6月羽化，而后交尾、产卵，每雌虫可产卵178～858粒，卵成堆，每堆3～60粒，产卵部位以离地1～1.5m的主干裂缝为多，卵期9～12天。成虫寿命4～10天，有趋光性。初孵幼虫群居，幼虫在干内蛀成的蛀道较宽、不规则，互相连通。树龄越大被害越重。幼虫孵化后即从伤口、树皮裂缝或旧蛀孔等处钻入皮层，排出细碎均匀的褐色木屑，10月即在蛀道内越冬。

芳香木蠹蛾成虫

芳香木蠹蛾老熟幼虫

【防治方法】

（1）在成虫产卵期，对树干涂白，防止成虫产卵。

（2）伐除并烧毁无保留价值的严重被害木。

（3）5～10月幼虫蛀食期，用3%噻虫啉乳剂稀释1～5倍液注孔1次，可杀死干中幼虫。

（4）成虫发生期可喷洒1.2%烟碱·苦参碱乳油1000倍液。

梨小食心虫

Grapholitha molesta (Busck, 1916)

鳞翅目　卷蛾科

【寄主植物】梨、桃、苹果、李、梅、杏、樱桃、海棠、沙果、山楂。

【形态特征】成虫翅展10～15mm，体灰褐色，无光泽。前翅灰褐，密布白色鳞片，前缘有白色斜纹10组，近外缘的淡色部分有整齐的黑斑几个，外缘不很倾斜。卵淡黄白色，半透明，扁椭圆形，中央隆起。老熟幼虫黄白至粉红色，长10～13mm；头黄褐色，前胸背板浅黄或黄褐色，臀板黄褐至粉红色，上有深褐色斑；臀栉具4～7刺。蛹长6～8mm，黄褐色，第3～7腹节背面前后缘各有小刺1行，第8～10腹节各具稍大刺

梨小食心虫

1行，腹末有钩刺8根。茧灰白色，丝质。

【生物学特性】呼市1年发生3～4代，以老熟幼虫在树干翘皮裂缝中或土面结茧越冬。4月化蛹，5、6、7、8月分别是各代成虫期，成虫趋化（糖、醋及果汁）和趋光性强，产卵于叶背、果和嫩梢，前2代以为害梢为主，后2代以为害果为主。被害梢枯萎下垂，导致萎蔫干枯、虫果腐烂。

【防治方法】

（1）冬季清园时，尽量刮除并烧毁翘皮、粗皮，以消灭越冬幼虫。

（2）成虫期用性引诱剂或糖醋液引诱成虫。

（3）设置黑光灯诱杀成虫。

（4）低龄幼虫期喷洒25%灭幼脲III号1500～2000倍液。

白杨准透翅蛾

Paranthrene tabani formis
(Rottenburg, 1775)

鳞翅目　透翅蛾科

【寄主植物】杨、柳。

【形态特征】成虫体长11～20mm，翅展22～38mm，头半球形，头胸部之间有橙黄色鳞片，头顶有黄褐色毛簇1束，背面有青黑色光泽鳞片；腹部青黑色，有橙黄色环带5条；前翅窄长，褐黑色，中室与后缘略透明，后翅全透明。卵椭圆形，黑色，有灰白色不规则多角形刻纹。幼虫体长30～33mm，初龄幼虫淡红色，老熟时体黄白色，臀节略骨化，背面有深褐色刺2个，略向前方钩起。蛹体长12～23mm，纺锤形，褐色，第2～7腹节背面有横列刺2排，9～10腹节刺1排，腹末具臀棘。

【生物学特性】呼市1年发生1代，以幼虫在木质部越冬。翌年4月幼虫取食，5月下旬化蛹，6月初成虫羽化、交尾、产卵。

白杨准透翅蛾幼虫为害状

白杨准透翅蛾幼虫

白杨准透翅蛾成虫

成虫羽化时，蛹体穿破堵塞的木屑，将身体的2/3伸出羽化孔，遗留下的蛹壳经久不掉。卵期约10天。幼虫孵出后有的直接侵入树皮下，有的迁移到幼嫩的叶腋上从伤口处或旧的虫孔内蛀入，在髓部蛀成纵虫道。越冬前，幼虫在虫道末端吐少量丝缕做薄茧越冬，翌年继续钻蛀为害。

【防治方法】

（1）剪除虫瘿或用粗铁丝钩杀幼虫。

（2）利用性引诱剂诱杀成虫。

（3）在幼龄幼虫虫口处点涂白僵菌液。

（4）在干上涂环状内吸性药带，毒杀幼虫。

白蜡窄吉丁

Agrilus planipennis (Fairmaire,1888)

鞘翅目 吉丁科

【寄主植物】白蜡、水曲柳。

【形态特征】成虫体长11～14mm，楔形，背面铜绿色，具金属光泽，腹面浅黄绿色；头扁平，顶端盾形，复眼古铜色、肾形，占大部分头部，触角锯齿状。卵淡黄色或乳白色，孵化前黄褐色，扁圆形，边缘有放射状褶皱。幼虫乳白色，老熟时体长34～45mm，体扁平带状，分节明显；头小，褐色，缩于前胸内；前胸较大，中、后胸较窄。蛹乳白色，触角向后伸至翅基部，腹端数节略向腹面弯曲，羽化前深铜绿色，裸蛹。

白蜡窄吉丁成虫（腹面观）

白蜡窄吉丁成虫（背面观）

【生物学特性】呼市1年发生1代，以老熟幼虫在韧皮部与木质部或边材坑道内越冬。翌年4月中下旬开始化蛹，5月中旬为化蛹盛期，蛹期止于6月上旬。成虫5月中下旬开始羽化，羽化后在蛹室中停留5～15天，6月下旬为羽化盛期，成虫羽化孔为“D”形，直径2mm。6月上旬至7月下旬产卵，卵散产于向阳面的树皮裂缝或树皮下，每头雌虫平均产卵68～90粒。6月中旬最早孵化的小幼虫蛀入韧皮部蛀食为害，蛀食方向不定。幼虫蛀食部位的外部树皮裂缝稍开裂，可作为内有幼虫的识别特征。受害树木第1年的典型症状是树势衰败；第2年枝叶稀疏，主干出现轻微裂缝；第3年可在木质部与韧皮部之间看到填满幼虫粪便的“S”形蛀道，且常在主干基部发生萌蘖，危害严重时使韧皮部与木质部分离。

【防治方法】

（1）重点清理越冬场所，减少越冬虫量。

（2）保护和利用天敌。保护啄木鸟，利用白蜡吉丁柄腹茧蜂、棒小吉丁矛茧蜂、白蜡吉丁啮小蜂、肿腿蜂、蒲螨等天敌。

（3）加强预测预报，抓住防治适期。在5月下旬至6月下旬叶面喷施3%高效氯氰菊酯1000倍液杀灭成虫，或6月上旬至7月下旬向树干喷施高渗透性药剂，可大大减少当代卵量及次年害虫种群数量。

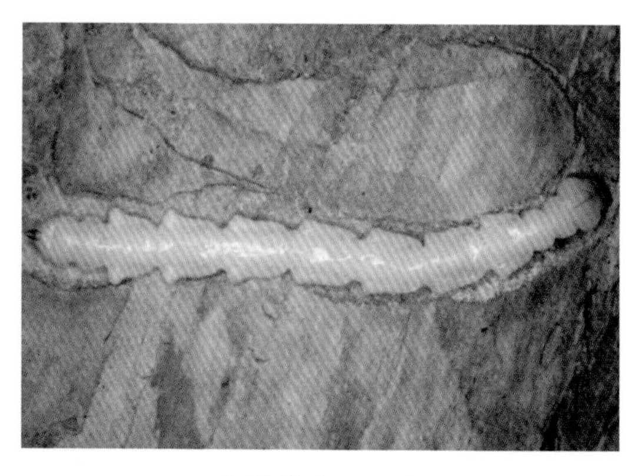

白蜡窄吉丁幼虫

白蜡窄吉丁蛹

白蜡外齿茎蜂

Stenocephus fraxini (Wei, 2015)

膜翅目 茎蜂科

【寄主植物】白蜡。

【形态特征】成虫体长13～15mm，黑色，有光泽，分布有均匀的细刻点；触角丝状，27节，鞭节褐色；翅透明，翅痣、翅脉黄色。雄成虫体长8.5～10mm，触角24～26节，其余特征同雌虫。幼虫和蛹乳白色或淡黄色，体长约12mm；头部圆柱形，浅褐色；腹部9节，乳白色或淡黄色。蛹为离蛹。

【生物学特性】呼市1年发生1代，以老熟幼虫在1年生枝条髓部越冬。翌年3月下旬至4月上中旬（白蜡树萌动前后）陆续化蛹，4月中下旬（白蜡树当年生长旺盛的嫩枝条长约20cm，弱短枝停止生长时）羽化。初孵若虫从叶柄处蛀入髓部为害，使复叶萎蔫而死，严重时一枝上可见枯叶1～5片。老龄幼虫在越冬前横向啃食木质部，其排泄物充塞在蛀孔的隧道内，仅留枝条表皮（成虫羽化孔口），此为查找害虫的识别标记。

【防治方法】

（1）冬季剪除并烧毁有虫枝条。

白蜡外齿茎蜂羽化孔

白蜡外齿茎蜂幼虫蛀道

白蜡外齿茎蜂成虫

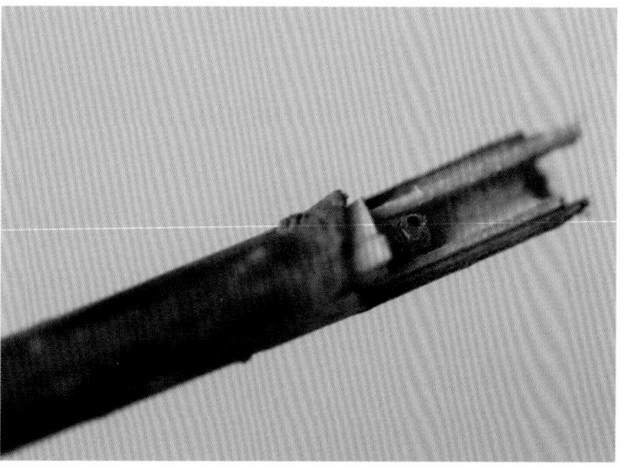

白蜡外齿茎蜂蛹

（2）幼虫孵化蛀入叶柄期，向叶部喷洒3%高渗苯氧威乳油3000倍液。

柳蝙蛾

Endoclita excrescens (Butler,1877)

鳞翅目　蝙蛾科

【寄主植物】杨、柳、榆、槐、刺槐、桦、丁香、银杏、苹果、梨、桃等。

【形态特征】成虫体长35～44mm，翅展66～70mm，绿褐、粉褐至茶褐色；触角短，线状，腹部细长；前翅前缘有环状斑纹7枚，中央有三角形绿色斑纹1个，外缘有褐色宽斜带2条；后翅狭小；前、中足发达，爪长；腹部长大。卵球状，径约0.6mm，初乳白色，后黑色，具光泽。幼虫体圆筒形，老熟幼虫41～57mm，头部红褐至深褐色，胸、腹部污白色，体具毛片状黄褐色瘤。蛹圆筒形，黄褐色；头顶深褐色，中央隆起，纵脊1条，两侧刚毛数根。

柳蝙蛾幼虫

【生物学特性】呼市1年发生1代，少数2代，以卵在地面或以幼虫在干基、胸高处髓部越冬。翌春5月中旬越冬卵开始孵化，先食杂草，后于6月上旬转向杨、柳枝干中蛀食，由旧虫孔或树皮裂缝蛀入，蛀道内壁光滑，蛀道口环形凹陷，粘满丝网和木屑，极易识别。幼虫期历时3～4个月，7月下旬开始在干内化蛹，8月中旬开始羽化成虫，9月中下旬为盛期。成虫背光，白天在树干、下木和杂草上悬挂不动。每雌产卵平均2000余粒。少数孵化较晚的幼虫即以幼虫越冬。

【防治方法】

（1）春季清除杂草，消灭蛀入杂草的幼虫。

（2）秋季于白天人工捕杀成虫。

（3）利用成虫趋光性，设置太阳能频振灯诱杀成虫。

（4）从树木蛀入孔中塞入磷化铝片，熏杀干内幼虫。

楸蠹野螟

Sinomphisa plagialis (Wileman, 1911)

鞘翅目　螟蛾科

【寄主植物】梓树、楸树。

【形态特征】成虫体长约15mm，翅展约36mm，灰白色，头和胸、腹各节边缘处略带褐色；翅白色，前翅基有黑褐色锯齿状二重线，内横线黑褐色，中室及外缘端各有黑斑1个，下方有近于方形的黑色大斑1个，外缘有黑波纹2条；后翅有黑横线3条。卵长约1mm，椭圆形，初乳白色，后赭红色，透明，表面密布小凹刻。老熟幼虫体长约22mm，灰白色；前胸背板黑褐色，2分块，体节上毛片赭褐色。蛹约15mm，纺锤形，黄褐色。

【生物学特性】呼市1年发生2代，以老熟幼虫在枝梢内越冬。翌年3月中旬开始活动，3月下旬开始化蛹，蛹期6～38天，4月上旬开始成虫羽化，成虫飞翔力强，有趋光性，产单粒或2～4粒卵于嫩枝上端叶芽或叶柄基部隐蔽处，每雌产卵量60～140粒，卵约经9天孵化。5月上旬为孵化盛期，幼虫始终在嫩梢内蛀食，髓心及大部分木质部被蛀空，蛀道长150～200mm，外侧形成长圆形虫瘿，并从蛀孔排出虫粪及蛀屑，经约1个月后，于6月上旬开始化蛹，6月中旬开始成虫羽化、产卵，6月下旬开始孵化，后期世代重叠。5年生以下幼树被害重，大树被害极轻；上部枝条被害

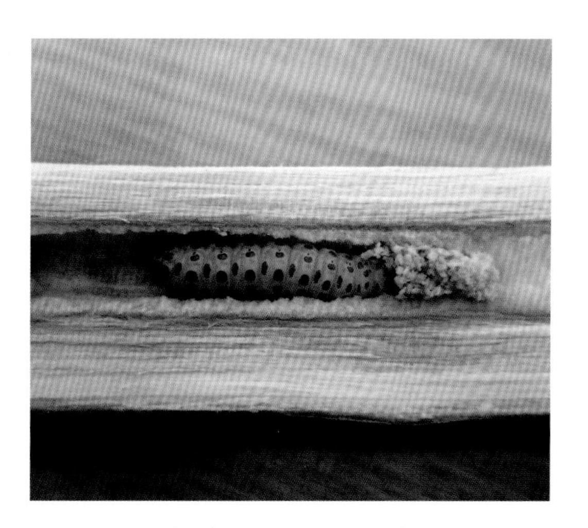

楸蠹野螟幼虫及蛀道

重，下部轻。

【防治方法】

（1）加强水、肥等养护管理，增强树木抗虫力。

（2）及时清除带虫死树和带虫枝，消灭虫源木。

（3）4月初在林外堆积饵木诱杀成虫。

（4）保护和利用天牛肿腿蜂、棕色小蚂蚁等天敌。

（5）药剂防治：向排粪孔或打孔注射3%高渗苯氧威乳油防治幼虫；成虫期喷洒3%高效氯氰菊酯微囊悬浮剂3000倍液。

四、地下害虫

黄脸油葫芦

Teleogryllus emma
(Ohmachi et Matsmura, 1951)

直翅目　蟋蟀科

【寄主植物】园林苗木及花、草。

【形态特征】成虫体长18～24mm，黑褐色，有光泽；头顶黑色，两颊黄色，背板有月牙纹2个；中胸腹板后缘内凹；前翅淡褐有光泽，后翅尖端纵折，露出腹端很长，后足褐色、强大，腹面黄褐色，产卵管甚长。卵长筒形，光滑，两端微尖，乳白至微黄色。

【生物学特性】呼市1年发生1代，以卵在土中越冬。翌年5月中旬至6月上旬孵化，8月至9月上旬，成、若虫严重危害，取食植物的叶、茎、枝、种子、果实或根部。成虫喜藏在薄草、阴凉处及疏松潮湿的浅土、土穴中，雌雄同居，不分昼夜发出鸣声，善跳、爱斗为其特性。9月下旬成虫产卵。

黄脸油葫芦成虫

【防治方法】

（1）灯光诱杀成虫。

（2）严重时可喷洒50%辛硫磷乳油500倍液或40%毒死蜱乳油1000倍液，防治效果明显。

东方蝼蛄

Gryllotalpa orientalis (Burmeister,1839)

直翅目　蝼蛄科

【寄主植物】松、柏、榆、槐、桑、海棠、梨、草等。

【形态特征】成虫体长约32mm，灰褐色，梭形；全身密被细毛；头圆锥形，触角丝状；前胸背板卵圆形，中间具明显的暗红色凹陷斑1个；前足为开掘足，后足胫节有刺3～4根，腹部尾须2根。卵椭圆形，乳白至暗紫色。若虫体黑褐色，只有翅芽。

【生物学特性】呼市3年发生1代，以若虫和成虫在土中越冬。翌年3月末开始活动，咬食根部，4月中下旬为害最烈，6月成虫交尾、产卵，喜欢在潮湿土中20～30cm深处产卵，卵期约20天。成虫飞翔力很强，

东方蝼蛄成虫

趋光性强。若虫共5龄，若虫为害到9月，蜕皮变为成虫，10月下旬入土越冬，发育晚的则以若虫越冬。

【防治方法】

（1）用黑光灯或毒饵诱杀成虫。

（2）合理施用充分腐熟的有机肥，以减少该虫滋生。

（3）幼虫期可于土壤中灌施50%辛硫磷乳油1000～1500倍液防治。

大灰象

Sympiezomias velatus (Chevrolat, 1845)

鞘翅目 象虫科

【寄主植物】槐、杨、柳、桃、朝鲜黄杨、海棠、一串红、菊花等。

【形态特征】成虫体长7.3～12.1mm，体宽卵圆形，黑色，密覆灰白色具金黄色光泽的鳞片和褐色鳞片；前胸中间和两侧形成3条褐色纵纹，常在鞘翅基部中间形成长方形（近环状）斑纹。卵长椭圆形，乳白色，后变黄褐色、黑色。幼虫体乳白色，弯形，无足，第9腹节末扁。蛹为裸蛹，乳黄色。

【生物学特性】呼市2年发生1代，以成虫和幼虫在土中越冬。翌年4月下旬越冬成虫出土为害，昼伏夜出，咬食幼苗的嫩芽、嫩叶，4～5月是严重为害期。5月下旬在折叶间产卵，数十粒成块。幼虫在土中生活和筑土室越冬。翌年继续为害，6月开始化蛹，7月成虫期，并以此越冬，一个世代跨2年。

【防治方法】

1．幼虫期向苗地施撒辛硫磷颗粒剂或西维因粉剂，剂量为$8g/m^2$，拌以细土。

2．成虫期喷施3%高渗苯氧威乳油3000倍液。

大灰象成虫

东方绢金龟

Maladera orientalis (Motschulsky, 1857)

鞘翅目　鳃金龟科

【寄主植物】杨、柳、榆、苹果、杏、桑、枣、梅等100余种植物。

【形态特征】成虫体长7～10mm，卵圆形，前狭后宽，黑褐至黑色，体表具光泽，被灰黑色短绒毛；鞘翅上浅纵沟纹9条，刻点细密，侧缘列生细毛；前足胫节外侧有2齿，内侧1刺，后足胫节有2端距。卵椭圆形，乳白色，光滑。幼虫老龄体长约16mm，乳白色，头部黄褐色，胴部乳白色，多皱褶，被黄褐色细毛，3龄臀板腹面钩状毛区的前缘呈双峰状，刺毛列由20～23根锥状刺组成弧形横带，中央处明显中断。蛹体黄褐色，复眼朱红色。

东方绢金龟成虫

【生物学特性】呼市1年发生1代，以成虫在土中越冬。翌年5月越冬成虫出土，5～6月为成虫盛发期，大量取食苗木嫩叶、嫩芽。5月成虫交尾后产卵于10～20cm深土中，卵期5～10天。7月成虫少。幼虫3龄，共需约80天，老熟幼虫在土中化蛹，蛹期约11天。

【防治方法】

（1）利用灯光诱杀成虫。

（2）成虫期向苗木喷施3%高渗苯氧威乳油3000倍液。

阔胫玛绢金龟

Maladera verticalis (Fairmaire, 1888)

鞘翅目　鳃金龟科

【寄主植物】榆、柳、杨、梨、苹果等多种植物。

【形态特征】成虫体卵圆形，赤褐色，具光泽；鞘翅满布纵列隆起带；后足胫节十分扁阔。卵椭圆形，白色。幼虫臀节腹面刺毛列呈单行横弧形，凸面向前，每列24～27根，肛门孔纵裂长度等于或大于一侧横裂的1倍。蛹体乳黄或黄褐色，尾角1对。

【生物学特性】呼市1年发生1代，以幼虫越冬。翌年6月下旬化蛹；7月成虫羽化，成虫昼伏夜出，取食叶，趋光性强，有假死性；7月末成虫交尾产卵，8月后成虫减少。卵散产，卵期约12天。幼虫活泼，在浅土层中活动。

阔胫玛绢金龟成虫

【防治方法】

（1）利用灯光诱杀成虫。

（2）成虫期向苗木喷洒3%高渗苯氧威乳油3000倍液或10%吡虫啉可湿性粉剂1000倍液。

苹毛丽金龟

Proagopertha lucidula
(Faldermann, 1835)

鞘翅目 丽金龟科

【寄主植物】杨、柳、榆、海棠、桃、梨、苹果、丁香、樱花、芍药、牡丹等。

【形态特征】成虫体长9.3～12.5mm，卵圆形，茶褐色，有光泽；除鞘翅外，各部均被淡褐绒毛，前胸背板具有长毛刻点。卵椭圆形，乳白色，表面光滑。幼虫老龄体长约15mm，头黄褐色，胸、腹乳白色，体弯曲，末端膨大，胸瞳3对，腹足退化。蛹体白、淡褐至深红褐色。

【生物学特性】呼市1年发生1代，以成虫在土里越冬。翌年4月下旬越冬成虫出土活动，群集为害花蕾、花、嫩梢等，成虫有假死性，昼夜为害。5月下旬入土产卵；6月上旬卵孵化，幼虫为害根部，幼虫期约60天，8月入土化蛹；晚秋羽化为成虫并越冬。

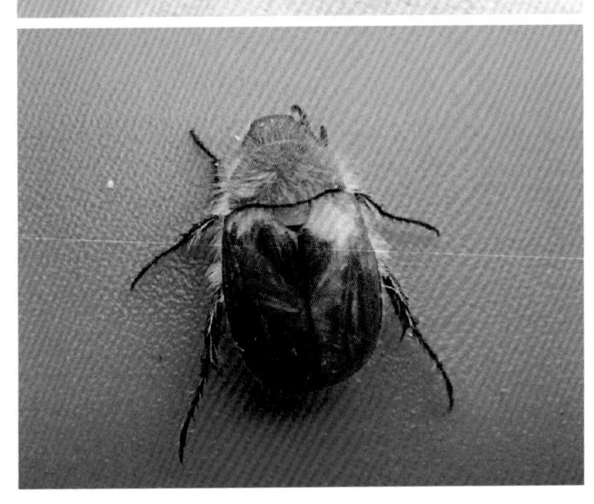

苹毛丽金龟成虫

【防治方法】

（1）利用成虫假死性，早、晚人工振落捕杀。

（2）成虫为害盛期，喷施48%乐斯本乳油4000倍液。

白星滑花金龟

Protaetia (*Liocola*) *brevitarsis* (Lewis, 1879)

鞘翅目　花金龟科

白星滑花金龟成虫

【寄主植物】榆、杏、海棠、柳、栎、桃、月季及花卉等多种植物。

【形态特征】成虫体长20～24mm，黑铜色带有绿色或紫色闪光，前胸背板和鞘翅上有不规则的白斑10多个。卵椭圆形，白色。幼虫头褐色，胴体乳白色，呈“C”字形。

【生物学特性】呼市1年发生1代，以幼虫在土壤、腐烂物质多的堆肥中越冬。7～9月成虫发生，常十余头群集在果实、树干烂皮、流胶处吸食汁液，也咬食树叶、花瓣。成虫对糖醋有趋性。8月上旬在土中产卵。

白星花滑金龟成虫群集为害

【防治方法】

（1）黑光灯诱杀成虫。

（2）可于早春翻倒腐熟的粪堆清除越冬幼虫。

（3）幼虫期可用50%辛硫磷乳油1000～1500倍液灌根，成虫期喷洒3%高效氯氰菊酯微囊悬浮剂1000倍液防治。

粗绿彩丽金龟

Mimela holosericea (Fabricius, 1787)

鞘翅目　丽金龟科

【寄主植物】果树。

【形态特征】体长14～20mm、宽8.5～10.6mm，体背深铜绿色，有强烈的金属光泽；体表粗糙不平，凸出部更显光泽铮亮；头顶隆拱，布细刻点；触角9节，鳃片部雄长大，雌较短；前胸背板较短，侧缘后段几乎平行，前段收狭；后缘边框中断；盘区密布粗大刻点，中纵沟凹陷；小盾片近半圆形，散布刻点；鞘翅表面粗糙，肩凸、端凸发达；缝肋亮而凸出，纵肋Ⅰ显直，纵肋Ⅱ不连贯，Ⅲ、Ⅳ常模糊不全；前足胫端2外齿。

【生物学特性】呼市1年发生1代，以幼虫越冬。幼虫为害植物地下部分，成虫为害果树叶子。

【防治方法】参考白星滑花金龟防治方法。

粗绿彩丽金龟成虫

大云斑鳃金龟

Polyphylla laticollis (Lewis, 1887)

鞘翅目　鳃金龟科

【寄主植物】松、杉、杨、柳等树。

【形态特征】成虫体长28～41mm、宽14～21mm。体多暗褐色，少数红褐色，有白、黄色鳞毛斑纹。触角10节，鳃片部：雄虫

大云斑鳃金龟成虫

7节，大而弯曲，约为前胸背板长的1.25倍；雌虫6节，小而直。前胸背板前半部中间具2个窄而对称由黄鳞毛组成的纵带斑，其外侧尚有2～3个纵列毛斑；中纵沟宽显。鞘翅上有由鳞毛组成的云状斑纹。前足胫端外齿雄2雌3。

【生物学特性】呼市4年发生1代，以幼虫越冬。幼虫为害树苗、大田作物等地下部分。

【防治方法】参考白星滑花金龟防治方法。

毛黄齿爪鳃金龟

Holotrichia trichophora (Fairmaire)

鞘翅目　鳃金龟科

【寄主植物】泡桐、杨、苹果和草坪草。

【形态特征】成虫体长13～16.5mm，近长卵圆形，体棕褐、淡褐色，头、前胸栗褐色，无光泽，头部两复眼间有高隆的横脊1条；前胸背板侧缘前段完整，后段小锯齿状，刻点稀，具黄色长毛；鞘翅布满毛刻点，基毛较长，缝肋清楚，纵肋缺，肩部

毛黄齿爪鳃金龟成虫

毛最长；胸下绒毛柔长，腹上刻点具毛。

【生物学特性】呼市1年发生1代，以成虫和少数蛹、幼虫越冬。翌年4～5月间越冬成虫活动繁殖，5月中旬出现新一代幼虫，6月幼虫开始为害，取食植物根部。冬季，老熟幼虫下至1m多深处越冬。成虫活动力差，趋光性弱。

【防治方法】严重发生时，可用50%辛硫磷乳油1000～1500倍液灌根。

沟线须叩甲

Pleonomus canaliculatus
(Faldermann, 1835)

鞘翅目　叩甲科

【寄主植物】各种园林苗木。

【形态特征】成虫体长约14～18mm，棕红至深栗褐色，体表密被金黄色半卧细毛，头胸毛较长，鞘翅毛较短；头部密生粗刻点；头顶中央低凹；雄触角细长，与体等长，雌触角刚过翅基部；前胸背板长大于宽，侧过直，略向前端收，无边框，后角尖锐。卵近椭圆形，乳白色。幼虫体细长，黄色，扁圆筒形，体壁坚硬光滑，具黄色细毛；头扁平，胸、腹背中有细纵沟1条；尾端分叉并略向上弯，各叉内侧有小齿1个。蛹体长纺锤形，乳白色。

【生物学特性】呼市2～3年发生1代，以幼虫和成虫在土中越冬。翌年4～5月为幼虫和成虫活动盛期，每雌产卵平均约100粒。成虫有趋光性，善飞。卵期约40天，5月下旬孵化。第3年8月老熟幼虫于土内化蛹，蛹期约16天；9月羽化并越冬。雌成虫活动能力弱，一般多在原地交尾产卵，扩散受限。

【防治方法】

（1）秋翻，把成、幼虫翻至地表，使之风干或冻死。

（2）利用灯光诱杀成虫。

沟线须叩甲成虫

（3）严重发生时，可用50%辛硫磷乳油1000～1500倍液或3%高渗苯氧威乳油3000倍液灌根。

小地老虎

Agrotis ipsilon (Hufnagel, 1766)

鳞翅目　夜蛾科

【寄主植物】松、杨、柳、大丽花、菊花、百日草、一串红、羽衣甘蓝等。

【形态特征】成虫体长约20mm，翅展约50mm，灰褐色；前翅面上的环状纹、肾形斑和剑纹均为黑色，明显易见；肾纹外侧有1黑色楔形纹，指向外缘，亚缘线上具2黑色楔形纹，指向内侧；后翅灰白色。卵扁圆形，有网纹。幼虫老熟时体长约50mm，灰褐或黑褐色；体表粗糙，有黑粒点；背中线明显，臀板黄褐色。蛹体赤褐色，臀刺2根。

【生物学特性】呼市1年发生3代，以蛹或老熟幼虫在土中越冬。5～6月、8月、9～10月为幼虫危害期，10月中旬老熟幼虫在土中化蛹越冬，来不及化蛹的则以老熟幼虫越冬。成虫日伏夜出，飞翔力很强，对光和糖醋液具有较强的趋性。幼虫共6龄，3龄前多群集在杂草和花木幼苗上为害，3龄后分散为害，以黎明前露水多时为害最烈，5龄进入暴食期，为害更大。生产上造成严重损失的是第1代幼虫。

小地老虎成虫

小地老虎成虫

【防治方法】

（1）清除杂草，降低虫口密度。

（2）采用黑光灯或糖醋液诱杀成虫。

（3）利用性引诱剂诱杀成虫。

（4）幼虫初孵期喷洒3%高渗苯氧威乳油3000倍液。

大地老虎

Agrotis tokionis (Butler, 1881)

鳞翅目 夜蛾科

【寄主植物】杨、柳、女贞、月季、菊花、凤仙花等多种植物。

【形态特征】成虫体长20～25mm，翅展52～58mm，黑褐色；前翅暗褐色，前缘2/3呈黑褐色，前翅上有明显的肾形、环状和棒状斑纹，其周围有黑褐色边；后翅浅灰褐色，上具薄层闪光鳞粉，外缘有较宽的黑褐色边，翅脉不太明显。幼虫体长40～62mm，扁圆筒形，黄褐至黑褐色，体表多皱纹。蛹体纺锤形，体长22～29mm，赤褐色，第4～5节前缘密布刻点，腹末臀棘三角形，具短刺1对，黑色。卵半球形，直径1.8mm，高1.5mm，初产时浅黄色，孵化前灰褐色。

【生物学特性】呼市1年发生1代，以低龄幼虫在表土层或草丛根颈部越冬。翌年3月开始活动，昼伏夜出咬食花木幼苗根颈和草根，造成大量苗木死亡。幼虫经7龄后在5～6月间钻入土层深处（15cm以下）筑土室越夏，8月化蛹，9月成虫羽化后产卵于表土层，卵期约1个月。10月中旬孵化不久的小幼虫潜入表土越冬。成虫寿命15～30天，具趋光性，但趋光性不强。

【防治方法】

（1）播种及栽植前深翻土壤，消灭土中幼虫及蛹。

（2）可在幼虫取食为害期的清晨或傍晚，于苗木根际搜寻捕杀幼虫。

（3）设糖醋液（红糖6份、酒1份、醋3份、水10份配制而成）诱集捕杀成虫。

（4）装置黑光灯诱杀成虫。

（5）利用性引诱剂诱杀成虫。

大地老虎成虫

参考文献

卜文俊, 刘国卿, 2018. 秦岭昆虫志 2 半翅目 异翅亚目[M]. 西安：世界图书出版西安有限公司.

蔡邦华, 1956. 昆虫分类学 上[M]. 北京：中国财政经济出版社.

蔡邦华, 1973. 昆虫分类学 中[M]. 北京：科学出版社.

蔡邦华, 1983. 昆虫分类学 下[M]. 北京：科学出版社.

曹若彬, 1997. 果树病理学[M]. 北京：中国农业出版社.

陈秀虹, 伍建榕, 2013. 园林植物病害诊断与养护 上[M]. 北京：中国建筑工业出版社.

伍建榕, 杜宇, 陈秀虹, 2013. 园林植物病害诊断与养护 下[M]. 北京：中国建筑工业出版社.

李忠, 2016. 中国园林植物蚧虫[M]. 成都：四川科学技术出版社.

吕佩珂, 2001. 中国花卉病虫原色图鉴[M]. 北京：蓝天出版社.

商鸿生, 王凤葵, 1996. 草坪病虫害及其防治[M]. 北京：中国农业出版社.

徐公天, 2002. 园林植物病虫害防治原色图谱[M]. 北京：中国农业出版社.

徐公天, 杨志华, 2007. 中国园林害虫[M]. 北京：中国林业出版社.

徐明慧, 1993. 园林植物病虫害防治[M]. 北京：中国林业出版出版社.

杨星科, 2018. 秦岭昆虫志 5 鞘翅目[M]. 西安：世界图书出版西安有限公司.

杨星科, 林美英, 2017. 秦岭昆虫志 7鞘翅目 2 天牛类[M]. 西安：世界图书出版西安有限公司.

杨星科, 张润志, 2017. 秦岭昆虫志 7 鞘翅目 3 [M]. 西安：世界图书出版西安有限公司.

虞国跃, 2017. 我的家园：昆虫图记[M]. 北京：电子工业出版社.

张随榜, 2001. 园林植物保护[M]. 北京：中国农业出版社.

张治良, 赵颖, 丁秀云, 2009. 沈阳昆虫原色图鉴[M]. 沈阳：辽宁民族出版社.

张中义, 1992. 观赏植物真菌病害[M]. 四川：四川科学技术出版社.

张祖新，郑巧兰，王文丽，等，1997. 草坪病虫草害的发生及防治[M]. 北京：中国农业科技出版社.

中国科学院动物研究所, 1981. 中国蛾类图鉴 I [M]. 北京：科学出版社.

中国科学院动物研究所, 1982. 中国蛾类图鉴 II [M]. 北京：科学出版社.

中国科学院动物研究所, 1983. 中国蛾类图鉴 IV[M]. 北京：科学出版社.

后记

《呼和浩特园林植物病虫》在编写组全体成员共同的努力下终于面世。本书共分两部分内容，病害部分和虫害部分，其中虫害部分按取食方式又分为刺吸害虫、食叶害虫、蛀干害虫和地下害虫四部分内容。全书共阐述了51种病害，201种害虫，共有图462幅，全部图片均为编写组成员照实物拍摄，图片只反映出标本的形态特征，不代表标本的实物大小，应以书中文字记述为准。

本书是在近二十年的园林植物保护工作中积累、总结、汇编而成，凝聚了编写者的心血和汗水，随着园林植保事业的不断发展和专业技术人员的不懈努力，日益完善。

本书的病害部分得到内蒙古农业大学园艺与植保学院赵君教授的指导和校正，虫害部分得到内蒙古农业大学林学院段立清教授的指导和校正，在此谨致谢意。

编写组

2022年4月30日